中国长岛生物多样性图鉴丛书

中国长岛
昆虫图鉴

吴孔明 李玉春 主编

中国林业出版社
China Forestry Publishing House

图书在版编目（CIP）数据

中国长岛昆虫图鉴 / 吴孔明，李玉春主编 .-- 北京：
中国林业出版社，2025．3． --（中国长岛生物多样性图
鉴丛书）．--ISBN 978-7-5219-3149-5

Ⅰ．Q968.225.24-64

中国国家版本馆 CIP 数据核字第 2025X1K681 号

策划编辑：肖静
责任编辑：袁丽莉　肖静
封面设计：烟台永卓图片设计广告有限公司

————————————

出版发行：中国林业出版社

　　　　（100009，北京市西城区刘海胡同 7 号，电话 83143577）

电子邮箱：cfphzbs@163.com

网址：https://www.cfph.net

印刷：北京雅昌艺术印刷有限公司

版次：2025年3月第1版

印次：2025年3月第1次

开本：889mm×1194mm　1/16

印张：13.75

字数：220千字

定价：150.00元

《中国长岛昆虫图鉴》编辑委员会

主　　编：吴孔明　李玉春

副 主 编：顾　岩　杨现明　赵胜园　官新刚　丰淑亮　于恩亮

编　　委：王兴亚　吴雪明　高凌云　郁亚齐　刘腾腾　高　宇　江珊珊

　　　　　胡志强　肖　娜　付淼瑜　赵嘉慧　陈雅楠　宋　磊　姬小萌

文字编辑：顾　岩　吴雪明

装帧设计：顾晓军

摄　　影：顾　岩　吴云飞

制　　作：烟台永卓图片设计广告有限公司

出品：

长岛国家海洋公园管理中心

中国农业科学院植物保护研究所

序 言

  昆虫是地球上物种数量最多的动物类群，在自然和农业生态系统中发挥着不可替代的作用。我国地域辽阔、气候多样，自然生态类型丰富，为昆虫生存繁衍和自然进化提供了有利条件。山东省烟台市长岛海洋生态文明综合试验区由 151 个岛屿组成，南北纵列于渤海海峡，是华北平原和东北平原的结合部、渤海和黄海的交汇点，也是南温带和中温带气候的过渡区。长岛得天独厚的地理位置造就了特殊的岛屿生态系统，这里既有岛屿天然隔离屏障对昆虫物种形成和进化的影响，也有东亚季风驱动昆虫远距离迁飞对跨区基因交流的作用，无疑是世界上探析昆虫生物多样性和生态适应性演化机制最难得的天然圣地。中国农业科学院植物保护研究所的科研团队于 2002 年来到了位于群岛最北端的北隍城岛，在这里安营扎寨，建立科研平台，观测昆虫迁飞，一拨一拨的研究生以岛为家，这一待就是 20 年。

  2022 年长岛国家海洋公园管理中心的同志联系笔者团队，希望合作开展长岛昆虫资源及多样性调查研究工作，为长岛昆虫资源的保护、开发利用和害虫防控提供基础性科学依据，笔者团队欣然接受了这个任务。在过去灯光诱虫的基础上，顾岩等同学对群岛的昆虫种类和分布开展了系统的调查，通过不同方式采集了大量的昆虫标本，目前已鉴定出 11 目 133 科 521 种昆虫。

  《中国长岛昆虫图鉴》一书收录了已鉴定昆虫物种的生态照片和标本照片，简要描述了它们的形态特征、生活习性和分布情况。编写图鉴的目的，旨在通过记录和展示长岛丰富多彩的昆虫世界，让公众更好地认识和了解长岛的昆虫多样性，为昆虫爱好者、相关科研人员、生态保护和植物保护工作者提供一本工具书。当然，笔者团队也希望本图鉴能够激发更多人对昆虫和自然的兴趣，激发对生态的热爱和保护意识，理解昆虫作为长岛生态系统中的重要一环，它们的存在和繁衍对于维持岛屿生态平衡

和促进生物多样性是必需的。我们有责任保护长岛昆虫生物多样性，让这片"海上仙境"展现人与自然和谐共生的美好画卷。

在此，笔者团队非常感谢帮助鉴定种类的昆虫分类专家，他们是中国科学院动物研究所的白明研究员、袁峰研究员、朱朝东研究员、张魁艳工程师、韩红香副研究员和梁红斌副研究员，中国农业大学的杨定教授、宋凡副教授、李轩昆副教授、曹乐然博士、陈卓博士、李美霖博士、雷启龙博士、王亮博士和郑昱辰博士，江西师范大学的曹玲珍副教授，西北农林科技大学的戴武教授和魏琮教授，东北林业大学的韩辉林副研究员，沈阳大学的侯鹏讲师，陕西理工大学的霍科科教授，天津农学院的焦克龙副教授，国家自然博物馆的李竹研究员，绵阳师范学院的林美英副研究员，上海海洋大学的林晓龙副教授，河北大学的潘昭副教授，南开大学的叶瑱研究员和戚慕杰副研究员，江苏省农业科学院的唐楚飞副研究员，浙江大学的唐璞副教授，华南农业大学的王敏教授，河北农业大学的王玉玉副教授，滁州学院的吴云飞助教，河南科技大学的叶潇涵硕士，昆明学院的杨棋程讲师和山东农业大学的张婷婷讲师。他们的专业鉴定保障了图鉴的科学性和严谨性。此外，笔者团队还要感谢长岛当地政府和群众，他们在笔者团队实地考察和采集样本过程中给予了极大的帮助和支持，感谢长岛国家海洋公园管理中心"长岛昆虫多样性调查"项目和科学技术部科技基础资源调查专项"中国－东南亚空中廊道重大农业害虫跨境迁飞调查"项目的资金支持。

由于笔者团队水平有限，图鉴中难免有疏漏之处，请各位读者多提宝贵意见。

吴北明

2025 年 2 月

目 录

第一章
蜻 蜓 目
Odonata

　　蜻蜓目（Odonata）昆虫，俗称蜻蜓、豆娘。古称蜻蛉、蜻蝏（或作蜓）、负劳、诸乘、纱羊、赤卒等。该目昆虫大多为捕食性昆虫。蜻蜓目属半变态类，稚虫又被称为水虿，以直肠鳃或尾鳃呼吸。体中型或大型，也有小型；咀嚼式口器；头能自如活动，复眼大，单眼3个；触角短的刚毛状；上颚强大，下颚须1节，下唇须2节；胸大；足较短，跗节3节；前后翅狭长相似，具网状脉，常有翅痣；腹部延长，圆柱形或扁形；雄性交尾器位于第3腹板及第4腹板。

一、蜻科 Libellulidae

黄蜻 *Pantala flavescens* (Fabricius, 1798)

特征：体长 32 ～ 40mm。体赤黄色至红色，前胸黑褐色，前叶上方和背板有白斑，合胸背前方赤褐色，具细毛。翅透明，赤黄色，后翅臀域浅茶褐色。腹部赤黄色，第 1 腹节背板具黄色横斑，第 4 ～ 10 背板各具 1 个黑色斑。

分布：河北、浙江、江西、广西、云南、吉林、辽宁、北京、河南、山东、山西、陕西、甘肃、江苏、福建、安徽、广东、海南。

习性：捕食稻飞虱、叶蝉及小型蛾类。具远距离迁飞行为。

二、蜓科 Aeshnidae

碧伟蜓 *Anax parthenope* (Selys, 1839)

特征：体大型。额黄色，具1个黑色横斑和1条淡蓝色横斑，头顶具黑色条纹。合胸绿色，具褐色条纹。翅透明，略带黄色，翅痣黄褐色。腹部黑色，具蓝色斑点，第1节和第2节基部绿色，第2节端部褐色，第4～8节背面黑色，第3节和第9～10节背面褐色，侧面具淡色斑纹。

分布：中国广泛分布；欧亚大陆南部、非洲也有分布。

习性：栖息于平原或丘陵多挺水植物的水库、池塘、水田、水渠等环境。具远距离迁飞行为。

三、螅科 Coenagrionidae

1. 东亚异痣螅 *Ischnura asiatica* (Brauer, 1865)

特征：体长 25～35mm。雄性面部黑色且具蓝色斑点；胸部背面黑色，具黄绿色肩前条纹，侧面黄绿色；腹部黑色，侧面具黄色条纹，第 8～10 节具蓝斑。翅透明，翅痣黄白色。雌性未成熟时橙红色，成熟后黄绿色或褐色且具黑色条纹。

分布：北京、天津、吉林、山东、陕西、江苏（苏州）、上海、湖北、广西、贵州、江西、香港、台湾。

习性：栖息于挺水植物生长茂盛的池塘、湖泊旁。

2. 蓝壮异痣螅 *Ischnura pumilio* (Charpentier, 1825)

特征：体长 26～31mm。雄性面部黑色且具蓝色和绿色斑纹；胸部背面黑色，具蓝色肩前条纹，侧面蓝色；腹部黑色，第 8、9 节具亮蓝色斑点。雌性未成熟时橙色具黑色斑纹，成熟时变成绿色或蓝色。

分布：山西、山东、台湾。

习性：主要栖息于池塘、沼泽等水草生长旺盛的静水水域中。

第二章
蜚蠊目
Blattodea

蜚蠊目（Blattodea）昆虫俗称蟑螂，古时也被称为蜚、负盘、香娘子、滑虫、地鳖、簸箕虫等。目前，全世界已知蜚蠊目昆虫的种类7600余种，其中，蜚蠊4600余种，白蚁3000余种。蜚蠊属渐变态类。飞行能力不强，喜湿热环境，大多分布于热带和亚热带，少数分布于温带。体扁平，头小而斜；口器咀嚼式，触角长丝状，复眼肾状发达，单眼2个，前胸扩大盖于头上；跗节5节，具2爪；前后翅均发达，前翅质坚，后翅较软，脉序近乎原始形。

鳖蠊科 Corydiidae

1. 中华真地鳖 *Eupolyphaga sinensis* (Walker, 1868)

特征：体长 30～35mm。雌雄异型。雄性具翅，前翅狭长，淡褐色革质，具褐色网状斑纹，后翅膜质；雌性通常无翅，或翅膀退化不明显。体深赤褐色具光泽。头小，隐于前胸下，口器咀嚼式，触角丝状，黑褐色。

分布：中国广泛分布。

习性：喜于阴暗潮湿、腐殖质丰富、稍偏碱性的松土中活动，有较强的避光性。

2. 翼地鳖 *Polyphaga plancyi* Bolivar, 1983

特征：雌雄异型。雄性具翅，雌性通常无翅或退化；雄性体长 19～22mm，雌性体长约 34.5mm。体褐色，背黑棕色，边缘常具淡黄褐色斑块及黑色小点。头顶为前胸背板覆盖。触角深褐色，柄节长圆筒形。肛上板深黄褐色，密被短刚毛，后缘中部略凸出，两瓣后缘较平。

分布：北京、山东、山西。

习性：昼伏夜出，喜阴湿环境，喜食腐殖质及淀粉等。

第三章
直 翅 目
Orthoptera

直翅目（Orthoptera）昆虫俗称蚱蜢、蝼蛄、螽斯、蟋蟀、灶马、蝗虫等。目前，全世界已知约有 23600 种。该目大部分属陆栖性，善跳，一部分蝗科不善飞行，还有少数种类为水栖性。大多植食性的蝗类取食农作物往往会引起经济上的严重损失，少数种类为食肉性。直翅目属渐变态类，若虫陆生，多数种类的若虫后翅覆于前翅上。体大型或中型；口器咀嚼式，下唇唇片四裂；脉序普通，前翅狭长，稍硬化，称覆翅（tegmina），后翅膜质较软弱，常有无翅型或短翅型种类；后足粗壮；尾须 1 对短型或中等长，有产卵管。

一、癞蝗科 Pamphagidae

笨蝗 *Haplotropis* sp.

特征： 体中型，粗壮。复眼卵形，触角丝状。前胸背板中隆线呈片形隆起，后横沟明显，不切断或略切断中隆线。前胸腹板的前缘近似弧形隆起。雌性、雄性前翅均短小，呈鳞片状，侧置，背面不毗连，后翅极小。后足胫节端部内外均具刺。腹部背面具脊齿，鼓膜器发达。

分布： 华北地区。

习性： 取食玉米、豆类、甘薯及多种草本植物。

二、锥头蝗科 Pyrgomorphidae

长额负蝗 *Atractomorpha lata* Motschoulsky, 1866

特征： 体长 23～43mm，雌性体形大于雄性。体草绿色至橄榄绿色，后翅基部本色透明，缺红色。头顶较长，向前端趋狭，颜面倾斜，复眼长卵形。前胸背板，中、侧隆线明显。前胸腹板突片状。前翅、后翅均发达。后足股节较长，外侧下缘弱外突。

分布： 北京、河北、上海、山东、湖北、广东、广西、陕西；朝鲜、日本。

习性： 取食豆类、棉花、葱类等植物。

三、斑翅蝗科 Qedipodidae

1. 黄胫小车蝗 *Oedaleus infernalis* Saussure, 1884

特征：体长 20.5～35.5mm。体暗褐色至绿褐色，有时草绿色。头大且短，复眼卵形，大而突出。前胸背板略呈屋脊形，背面具"X"形纹。前翅发达，端部布暗色斑纹，后翅基部淡黄色，前、后翅的端部翅脉具弱的发音齿。雄性后足胫节红色；雌性黄褐色或淡红黄色，基部黑色。

分布：黑龙江、吉林、内蒙古、宁夏、甘肃、青海、北京、河北、山西、陕西、山东、江苏；日本、蒙古、俄罗斯、韩国。

习性：取食水稻、玉米、杉树、狗牙根、竹节草。

2. 束胫蝗 *Sphingonotus* sp.

特征：体中型。头短于前胸背板。头顶前斜，颜面垂直，复眼卵形。触角丝状。前胸背板马鞍形，中隆线低且细，前胸背板侧片的前下角呈直角状。前翅发达，超过后足股节的端部，中脉和径脉间无横脉。腹部第 1 节背板侧片的鼓膜片大。

分布：中国北方地区；欧洲、亚洲、非洲及中美洲和其邻近地区。

习性：取食草本植物。

四、斑腿蝗科 Catantopidae

稻蝗 *Oxya* sp.

特征：体中型。体色一般为绿色型和褐色型。头顶背观较短，端部钝圆，背面中央略凹，缺纵隆线。触角丝状。颜面隆起全长具纵沟，侧缘明显。复眼较大，椭圆形。前翅发达。后足股节匀称，膝部的上膝侧片端部为圆形，下膝侧片端部延伸呈刺状。腹端的腹面常具有丛生毛。

分布：中国、日本、新加坡、马来西亚、菲律宾、斯里兰卡、越南、泰国、缅甸、印度、巴基斯坦。

习性：取食水稻、茭白、甘蔗、玉米、高粱、麦、豆类、茅草等。

五、露螽科 Phaneropteridae

掩耳螽 *Elimaea* sp.

特征：体中型，狭长。体翠绿色。头顶三角形，背面具沟，具棕褐色带。颜面垂直，复眼球形，突出。触角纤细。前、后翅均发达，状如树叶。前翅较狭窄，后翅长于前翅。前足股节基半部侧扁，从背面观微"S"形弯曲，前足胫节背面具沟和外背距。

分布：中国、朝鲜。

习性：栖息于林地环境或农田。

六、螽斯科 Tettigonidae

暗褐蝈螽 *Gampsocleis sedakovii obscura* (Walker, 1869)

特征：体长 35～40mm。体粗壮，体色草绿至褐绿色。头大，前胸背板呈宽大马鞍状。前翅长，超过腹部末端，翅基部至翅端逐渐窄，末端圆，具草绿色条纹，并具黑褐色斑点，呈花翅状。雌性颜色相较雄性更绿。

分布：山东、河北、内蒙古、四川、吉林、辽宁。

习性：取食禾本科植物。

七、蝼蛄科 Gryllotalpidae

1. 东方蝼蛄 *Gryllotalpa orientalis* Burmeister, 1838

特征：体长 25～35mm。体粗壮，圆筒形。体黄褐色至黑褐色。头小，头部前端尖，复眼小而突出，单眼 2 个。前胸背板卵形，前足挖掘足，产卵器退化。后足胫节背面内侧具 3 或 4 个距。

分布：陕西、黑龙江、吉林、辽宁、内蒙古、北京、天津、河北、山东、青海、江苏、上海、浙江、湖北、江西、湖南、福建、广东、海南、广西、四川、贵州、云南、西藏；日本、朝鲜、俄罗斯以及东南亚、大洋洲。

习性：取食禾谷类、烟草、蔬菜等多种作物。

2. 华北蝼蛄 *Gryllotalpa unispina* Saussure, 1874

特征：雌性体长 38～55mm；雄性较小。体黄褐色至黑褐色，被黄褐色细毛。前胸背板卵圆形。前翅黄褐色，平叠于背上，覆盖腹部不及一半；后翅呈筒状，超过腹部末端。前足发达，为开掘足；后足胫节背侧内缘具 1 个棘刺或消失。

分布：山东、北京、宁夏、甘肃、新疆、内蒙古、吉林、辽宁、河北、山西、河南、江苏、安徽、湖北、江西、西藏。

习性：取食小麦、大麦、高粱、玉米、谷子、烟草、蔬菜、果树等。

八、蟋蟀科 Gryllidae

1. 棺头蟋 *Loxoblemmus* sp.

特征：体中型。体黑褐色，被绒毛。头部颜面呈斜截状，后头具细长的淡色条纹，侧单眼间淡色横条纹，中单眼位于额突的腹面。前胸背板具绒毛，雄性前翅具镜膜，前足胫节内、外侧听器具鼓膜，后足股节外侧具细斜纹，胫节背面具背距。卵瓣长剑状。

分布：中国长江流域及以北地区；日本、韩国。

习性：栖息于草丛、土堆、石缝或墙角等处。

2. 迷卡斗蟋 *Velarifictorus micado* (Saussure, 1877)

特征：体长 16 ～ 18mm。体黑褐色。头部侧面观背面弱倾斜，单侧眼间具黄色横条纹。前胸背板具绒毛。雄性前翅长通常接近或至腹部端部，雌性前翅则较短。前足胫节外听器具鼓膜，内听器呈凹坑状，后足胫节具背距。

分布：陕西、北京、河北、山西、山东、河南、江苏、上海、浙江、湖北、江西、湖南、福建、广东、广西、四川、贵州、云南；俄罗斯远东地区、朝鲜半岛及日本。

习性：取食植物的茎、叶、种子、果实和根部，也捕食小型昆虫。

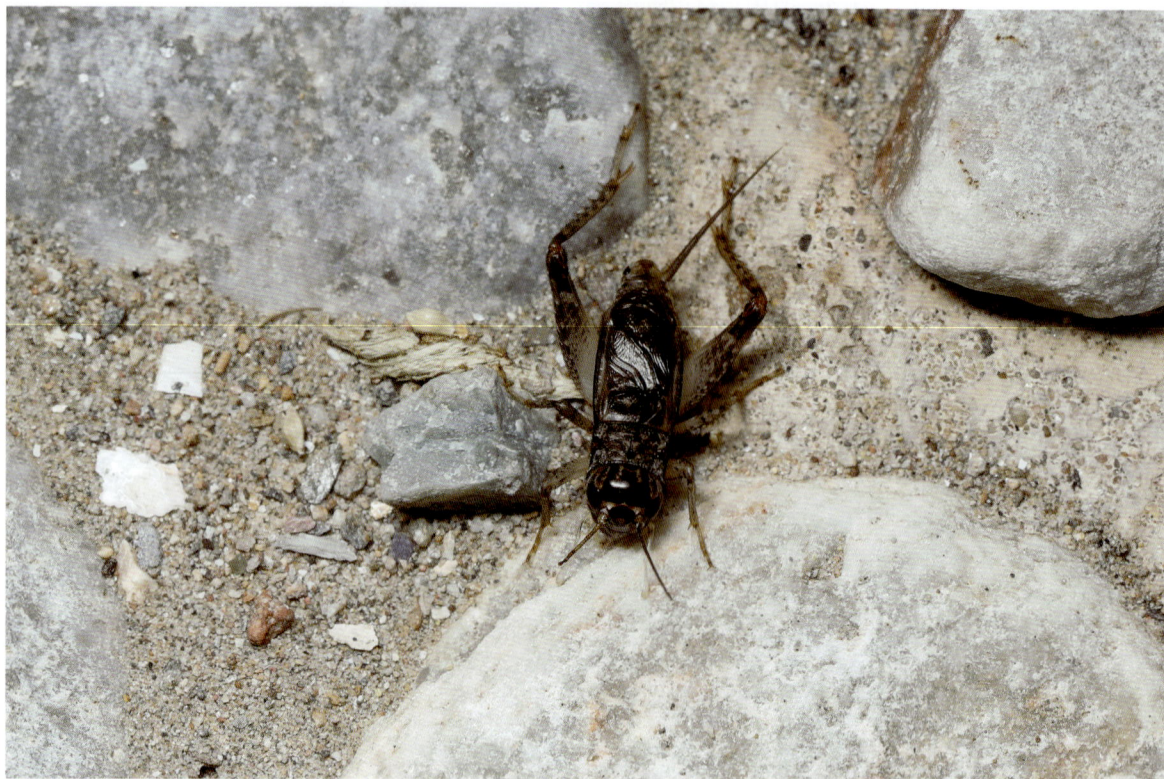

第四章
革 翅 目
Dermaptera

　　革翅目（Dermaptera）昆虫被统称为蠼螋，俗名搜夹子，因其被疑会匿入人耳，或其后翅展开时如人耳，英文名为 earwig。目前全世界已知 2000 余种，中国已记录 230 余种，是昆虫纲中较小的一个目。多分布于热带，由温带愈向寒带，种类愈少，一般喜于夜间活动。蠼螋属渐变态类。体长而扁平，中小型；头部较扁，复眼圆形，少数退化，口器咀嚼式；触角节细长，10 ～ 50 节；前胸背板发达，通常方形或长方形；有翅者前翅革质，缺翅脉；后翅膜质，翅脉放射状；足缺刺，具爪，爪间通常缺中垫；尾须铗状，非环节性。

一、肥螋蝗科 Carcinophoridae

肥螋 *Anisolabidinae* sp.

特征：体小型，粗壮。头部长三角形，复眼小。前胸背板接近方形，后缘弧形。前、后翅不发育。腹部长，两侧向后扩展，第5～7节最宽，末腹背板短宽，接近矩形。尾铗较粗，三棱形，雄性两铗不对称。足发达，腿节较粗。

分布：山东。

习性：常见于低海拔山区，捕食小型昆虫。

二、球螋科 Forficulidae

迭球螋 *Forficula vicaria* Semenov, 1902

特征：体长9～12mm，雄性尾铗长4.0～4.5mm，雌性3.0～3.5mm。体大部暗褐色，足及尾铗灰黄色。前胸背板近方形，散布小刻点和皱纹。腹部扁长，第3～4节的背面两侧具明显瘤突。雌性末腹背板后部较狭缩，尾铗直，基部宽，顶端尖，两支内缘接近。

分布：黑龙江、吉林、辽宁、江苏、湖北、四川、云南、山东；俄罗斯、蒙古、朝鲜、日本。

习性：成虫捕食棉蚜、橘蚜、豆蚜、槐豆木虱等。

第五章
半 翅 目
Hemiptera

半翅目（Hemiptera）昆虫俗称臭大姐、蝉、蚧壳虫等，是昆虫纲中第五大的目。目前，已描述的约有 82000 种。半翅目昆虫隶属渐变态类。该目昆虫具有高度发达的刺吸式口器，一般 4 节；触角较长，一般 4～5 节；前胸背板大，中胸小盾片发达；前翅基半部骨化，端半部膜质。最初林奈根据翅的特征建立了半翅目（Hemiptera）和同翅目（Homoptera），而后 Latreille 提出应该将异翅亚目（Heteroptera）和同翅目（Homoptera）归属于半翅目。

一、蝉科 Cicadidae

1. 鸣鸣蝉 *Oncotympana maculaticollis* (Motschulsky, 1866)

特征：体长 30～36mm。体大而粗壮，头部绿色。单眼红色；复眼褐色，明显突出。前胸背板内片杂色，中央 1 对宽纵纹，中沟和侧沟边缘及中间区域有大面积不规则棕色斑纹，外片绿黄色。中胸背板黑色，有 6 对较明显的绿色斑点。足绿色，具不规则黑色斑纹。翅透明，前翅具有烟褐色斑点，后翅无斑纹。

分布：北京、河北、辽宁、江苏、浙江、安徽、江西、山东、河南、湖北、湖南、四川、贵州、陕西、甘肃、新疆、台湾；日本、朝鲜、俄罗斯。

习性：若虫在地下吸食根茎汁液，成虫吸食刺槐、杨、桃、苹果、李、梨、花椒、山楂、沙果等。

2. 蟪蛄 *Patypleura kaempferi* (Fabricius, 1794)

特征：体长 20～25mm。头冠中域具黑色横纹，颜面黄绿色，额区两侧横刻纹和中央纵凹黑色。前胸背板前缘中央的纵斑、基域中央菱形纹及两侧凹陷处的斑点均为黑色。前翅黄绿色，具透明白斑和黑褐色斑，翅脉黄绿色，后翅黑褐色，具白色透明边缘，翅脉黄色。足暗褐色，前足腿节具黄白色斑。

分布：贵州、湖南、河北、陕西、山东、河南、江苏、安徽、浙江、江西、福建、广东；朝鲜、日本、俄罗斯、马来西亚。

习性：吸食乔木汁液。

二、飞虱科 Delphacidae

1. 大叉飞虱 *Ecdelphax* sp.

特征：体小型。头部包括复眼稍窄于前胸背板。头端缘微圆，中侧脊在头顶端部不相遇，"Y"形脊明显，额中部为最宽，侧脊稍拱，中脊在复眼中部水平线上分岔。喙伸达中足转节。触角圆柱形，伸达后唇基中部。前胸背板侧脊不伸达后缘。

分布：中国长江流域、华南地区广泛分布。

习性：成虫具趋光性。

2. 灰飞虱 *Laodelphax striatellus* (Fallén, 1826)

　　特征：长翅型体翅长 3.5 ～ 4.0mm，短翅型体翅长 2.3 ～ 2.5mm。体浅黄褐色至灰褐色，前胸背板、触角为浅黄色，小盾片中间黄白色至黄褐色，中胸背板黑褐色。头顶稍突出，额区具黑色纵沟 2 条，额侧脊呈弧形。前翅透明具 1 个褐翅斑。

　　分布：中国广泛分布；亚洲、欧洲、非洲（北部）等。

　　习性：取食禾草、水稻、麦类、玉米及稗等禾本科植物。具远距离迁飞行为。

3. 褐飞虱 *Nilaparvata lugens* (Stål, 1854)

　　特征：长翅型体翅长 3.6 ～ 4.8mm，短翅型体翅长 2.5 ～ 4.0mm。体黄褐色至黑褐色，具油光。前胸背板及中胸小盾片褐色。长翅型前翅狭长透明略带黄褐色，后缘中央处具有黑褐色斑纹，后翅扇形透明。短翅型前翅伸达腹部第 5 ～ 6 节，后翅退化。足黄色，后足基跗节外侧具小刺。

　　分布：中国稻区广泛分布；日本、韩国、印度、越南、菲律宾、泰国等。

　　习性：取食水稻及野生稻。具远距离迁飞行为。

4. 白背飞虱 *Sogatella furcifera* (Horváth, 1899)

　　特征：长翅型体翅长 3.8 ～ 4.6mm，短翅型体翅长 2.5 ～ 3.5mm。体黑褐色至淡黄褐色，头顶除端部两侧脊间、前胸背板和中胸背板中域外，均黄白色。前胸背板后具 1 个暗褐斑，中胸背板侧区黑褐色。前翅透明略带淡黄褐色，有时翅端具烟褐晕，翅斑黑褐色。

　　分布：中国稻区广泛分布；俄罗斯、朝鲜、日本、澳大利亚，以及太平洋岛屿、东南亚。

　　习性：取食水稻、小麦、玉米、甘蔗、高粱、粟、茭白、稗、游草、看麦娘等。具远距离迁飞行为。

三、广翅蜡蝉科　Ricaniidae

八点广翅蜡蝉 *Ricania speculum* (Walker, 1851)

特征：体长 6.0～7.5mm。体黑褐色。中胸背板具 3 条纵脊。前翅近端部处具 1 个半圆形透明斑，外下方具 1 个较大的透明斑，内下方 1 个较小的透明斑，近前缘顶角处 1 个小而狭长的透明斑，翅外缘具 2 个较大的透明斑，内有 1 个小褐斑，有时扩大或消失，翅面上散布白色蜡粉，后翅黑褐色半透明。后足胫节外侧具 2 个刺。

分布：陕西、河南、山东、上海、江苏、浙江、湖北、湖南、福建、台湾、广东、广西、四川、贵州、云南；越南、印度、尼泊尔、菲律宾、斯里兰卡、印度尼西亚。

习性：取食刺槐、吴茱萸、苹果、桃、李、梅、杏、樱桃、枣、柑橘、桑、茶、油茶、板栗、油桐、苦楝、棉、柿、苎麻、黄麻、大豆、玫瑰、迎春花、蜡梅、杨、柳、桂、咖啡、可可、蕨及洋葱等。

四、木虱科　Psyllidae

1. 白条边木虱 *Craspedolepta leucotaenia* Li, 2005

特征：雄虫体翅长 2.72～2.85mm，雌虫 3.19～3.20mm。体浅黄色。头部略扁平，头宽约为长的 2 倍，头顶前缘凹入，头前叶具圆边，中单眼前视可见。唇基长椭圆形，较短。前翅无翅痣，有断痕。

分布：山东、甘肃、陕西、四川、贵州、云南、湖北。

习性：取食蒿属植物。

2. 喀木虱 *Cacopsylla* sp.

特征：体小型。颊锥正常，端钝，几乎和头顶等长，触角几乎 2 倍长于头宽。后足胫节具 5 个端距。雄性阳基侧突纤弱，顶端具 1 个向内的齿。雌性生殖节短，楔形。

分布：中国北方；欧洲、北亚及北美温带地区。

习性：取食果树。

3. 桑异脉木虱 *Anomoneura mori* Schwarz, 1896

特征：体小型。头宽于前胸，与中胸等宽，头顶宽约为长的 2 倍，具明显凹陷。颊锥突出，基部膨大，中单眼突出。触角细长，长度超过头宽。前翅近似菱形，翅痣明显。后足胫节具基齿，端距 5 个，基跗节具 2 个爪。

分布：辽宁、内蒙古、山西、陕西、北京、河北、河南、山东、安徽、湖北、江苏、浙江、四川、湖南、台湾；日本、朝鲜。

习性：取食桑、柏木、苹果、梨、葡萄及桃花。

五、个木虱科　**Triozidae**

个木虱 Triozidae sp.

特征：体小型，较为粗壮。触角黑色。体色大部橘黄色，具淡黄白色条带。翅透明，前翅缘完整，无断痕，翅脉呈三叉"个"字形分支。基跗节无爪状距。

分布：中国华中、华北及西南地区。

习性：取食植物汁液。

六、叶蝉科 Cicadellidae

1. 凹缘菱纹叶蝉 *Hishimonus sellatus* (Uhler, 1896)

特征：体长约 3mm。头及前胸黄绿色。前翅白色，具褐色斑，后缘中部具褐色三角形斑纹，双翅收拢时二斑呈菱形斑纹，菱纹中央具白斑，双翅合拢时白斑呈"心"形，翅端部暗褐色，内具灰白色小圆点。

分布：北京、陕西、甘肃、辽宁、河北、山西、河南、山东、江苏、安徽、浙江、江西、福建、台湾、湖北、广东、广西、四川、重庆、贵州；日本、朝鲜、俄罗斯、阿富汗、格鲁吉亚。

习性：取食大豆、绿豆、芝麻、草莓、大麻、芝麻、茄、桑、泡桐、榆树、无花果、刺梨、枣、蔷薇。

2. 边大叶蝉 *Kolla* sp.

特征：体小型。头冠橙黄色，具黑斑，头冠前端宽圆突出，侧缘与复眼外缘在 1 条圆弧线上，前胸背板较头宽，前半部橙黄色，后半部黑色，其黑色部分中央向前凸出。前翅黑色至黑褐色，前缘具明显透明边。小盾片橙黄色或浅橙黄色。前翅前缘域常透明，翅脉明显，端室 4 个。后足腿节端刺式 2-1-1。

分布：山东。

习性：取食水稻、茶、小麦、甘蔗、棉花、桑、葡萄等。

七、蚜科 Aphididae

1. 蚜 *Aphis* sp.

特征：体黑色。额瘤较低或不明显。前胸、腹部第 1 节和第 7 节具有缘瘤，第 2～6 节也常有。触角短于体长。无翅孤雌蚜触角通常无次生感觉圈，有翅孤雌蚜触角第 3 节具次生感觉圈。前翅中脉分叉。腹管圆筒形，常具有 1 个不明显的缘突。尾片长大于宽，中部通常略有缢缩。

分布：山东。

习性：多见于嫩枝、叶正面或反面群集生活。

2. 棉蚜 *Aphis gossypii* Glover, 1877

特征：无翅孤雌蚜体长约 1.9mm，体卵圆形；活体具黄、青、深绿、暗绿等色；玻片标本体淡色，有灰黑色斑纹，头部灰黑色；触角第 1、2、6 节及第 5 节端部 1/3、喙第 3 节及第 4+5 节、胫节端部及跗节、腹管、尾片及尾板灰黑色至黑色。腹管黑青色。尾片青色。有翅孤雌蚜体长约 2mm，体长卵圆形。翅透明，中脉三岔。

分布：世界广泛分布。

习性：第一寄主为石榴、花椒、木槿和鼠李属等多种植物。第二寄主为棉和瓜类等多种植物。具远距离迁飞行为。

3. 豆蚜 *Aphis craccivora* Koch, 1854

特征：无翅胎生雌蚜体长 1.8～2.4mm，体黑色或浓紫色，具有光泽，体被蜡粉。有翅胎生雌蚜体长 1.5～1.8mm。体黑绿色或黑褐色，具光泽。触角 6 节，短于体长。腹部 1 至 6 节背面具 1 个大型灰色隆起斑。腹管黑色，长圆形，有瓦纹。尾片黑色，圆锥形，两侧各具长毛 3 根。

分布：世界广泛分布。

习性：取食蚕豆、苕子、苜蓿等多种豆科植物。具远距离迁飞行为。

4. 绣线菊蚜 *Aphis spiraecola* Patch, 1914

特征：无翅胎生雌蚜体长 1.6～1.7mm；体长卵圆形；活体通常为黄色，有时黄绿色或绿色；头浅黑色，具 10 根毛；触角 6 节，第 3～6 节具瓦状纹。口器、腹管和尾片均为黑色；体表具网状纹，体侧缘具瘤，体背毛尖。尾板端圆。有翅胎生雌蚜约 1.5mm；体近纺锤形；腹部第 2～4 腹节两侧具大型黑缘斑，腹管后斑大于前斑，第 1～8 腹节具短横带。

分布：河北、内蒙古、山东、浙江、台湾、河南；朝鲜、日本及北美洲、美洲中部。

习性：取食苹果、沙果、海棠、梨、木瓜、杜梨、山楂、山丁子、石楠、绣线菊、樱花、麻叶绣球和榆叶梅等多种经济作物。具远距离迁飞行为。

5. 夹竹桃蚜 *Aphis nerii* Boyer de Fonscolombe, 1841

有翅孤雌蚜体长卵形，体长 2.10mm。玻片标本头部、胸部黑色，腹部淡色，斑纹黑色；触角、喙、足股节端部 2/3、后足胫节及前、中足基端部、跗节黑色。体表光滑，腹管后几节有横瓦纹，背斑有小刺突。腹部背片有小型中斑 1 个，背片第 1 至 7 节有缘斑。无翅孤雌蚜体卵圆形，体长 2.30mm。活体淡黄色。玻片标本体腹部背片第 8 节有明显斑纹。腹管、尾片、尾板及生殖板黑色。体表有明显网纹，腹管后几节有横瓦纹。翅脉正常，粗黑。

分布：山东、吉林、北京、河北、天津、上海、江苏、浙江、台湾、广东、广西；朝鲜，印度，印度尼西亚，非洲，欧洲，南美，北美。

习性：寄主为夹竹桃。具远距离迁飞行为。

6. 大尾蚜 *Hyalopterus* sp.

特征：体绿色。触角 6 节，短于体长。无翅孤雌蚜不具次生感觉圈。缘瘤着生于前胸，腹部第 1、7 节。腹部第 7 背片气门的后背面着生缘瘤。腹管短于尾片，基部具缢缩，末端圆形，开口小。前翅中脉呈二分叉。

分布：山东。

习性：寄主为杏、梅、桃、李、芦苇、榆叶梅。

7. 小长管蚜 *Macrosiphoniella* sp.

特征: 体微小, 绿色。中额平, 额瘤显著外倾。喙第 4、5 节尖且长。腹管呈管状, 端部 1/3 具网纹, 具腹管前斑。

分布: 山东。

习性: 取食菊科植物。

8. 桃蚜 *Myzus persicae* (Sulzer, 1776)

特征: 无翅孤雌蚜体长约 2.2mm; 体淡黄绿色、乳白色至猪赤色, 体表具横皱或微刺网纹; 触角长约为体长的 0.8 倍, 腹管圆筒形; 尾片黑褐色, 具 6 或 7 根毛。有翅孤雌蚜体长约 2mm; 腹部具黑褐色斑纹, 翅膀无色透明, 翅痣灰黄或青黄色。有翅孤雄蚜体长 1.3 ~ 1.9mm; 体深绿色或灰色。

分布: 陕西、黑龙江、吉林、辽宁、北京、河北、天津、内蒙古、宁夏、甘肃、青海、湖南、福建、云南、西藏; 其他地区广泛分布。

习性: 取食蔷薇科、十字花科、茄科等数百种植物。

9. 苹果瘤蚜 *Ovatus malisuctus* (Matsumura, 1918)

特征: 无翅孤雌蚜体长约 1.5mm, 体纺锤形; 活体绿褐色、红褐色或黄色微带绿色, 有斑纹。玻片标本污灰褐色; 额部、各胸节缘域、腹管后部背片灰黑色, 腹管前部背片淡色; 体表粗糙, 有深色不规则曲纹; 缘瘤不显。有翅孤雌蚜体长约 1.6mm; 活体红褐色; 气门肾形, 开放; 尾片圆锥形, 有毛 6 或 7 根; 尾板有毛 9 或 10 根。

分布: 陕西、黑龙江、吉林、辽宁、北京、河北、甘肃、山东、江苏、福建、广西、云南; 朝鲜、日本。

习性: 取食苹果、花红、海棠花、山荆子、杏、梨等。

10. 禾谷缢管蚜 *Rhopalosiphum padi* (Linnaeus, 1758)

特征： 无翅孤雌蚜体长约1.9mm，宽卵形；杂以黄绿色纹，常被薄粉；腹管基部周围常有淡褐色或锈色斑；玻片标本淡色。有翅孤雌蚜体长约2.1mm，长卵形；活体头部、胸部黑色，腹部绿色至深绿色；玻片标本头部、胸部黑色，腹部淡色，有灰黑色至黑色斑纹；腹部第2～4背片有大型缘斑，腹管后斑大。

分布： 中国广泛分布；蒙古、俄罗斯、朝鲜、日本、约旦以及非洲、欧洲、北美洲、大洋洲均有分布。

习性： 取食杏、桃、榆叶梅、稠李、李、山荆子、山里红、玉米、高粱、普通小麦、大麦、燕麦、黑麦、雀麦、水稻、狗牙根、香蒲和高莎草等禾本科、莎草科和香蒲科植物。

11. 麦二叉蚜 *Schizaphis graminum* (Rondani, 1852)

特征： 无翅孤雌蚜体长约2mm，卵圆形；活体淡绿色，背中线深绿色；玻片标本淡色，无斑纹；触角黑色，足淡色至灰色，腹管淡色，顶端黑色，尾片及尾板灰褐色。有翅孤雌蚜体长约1.8mm，长卵形；玻片标本头部、胸部黑色，腹部淡色，有灰褐色微弱斑纹；腹管稍有瓦纹。

分布： 陕西、黑龙江、北京、河北、内蒙古、山西、河南、宁夏、甘肃、新疆、山东、江苏、浙江、福建、台湾、云南；蒙古、俄罗斯、朝鲜、日本、印度，以及亚洲中部、非洲、地中海地区、北美洲、南美洲。

习性： 取食大麦、小麦、燕麦、黑麦、雀麦、高粱、稻、粟、狗牙根、狗尾草、画眉草和莎草等禾本科和莎草科植物。

12. 荻草谷网蚜 *Sitobion miscanthi* (Takahashi, 1921)

　　特征:无翅孤雌蚜体长约 3.1mm,体长卵形;活体草绿色至橙红色,头部灰绿色,腹部两侧有不甚明显的灰绿色斑;玻片标本淡色,节间斑分布侧域,明显褐色,中胸腹岔有短柄,中额稍隆,额瘤显著外倾。有翅孤雌蚜体长约 3mm,体椭圆形;玻片标本头部、胸部褐色骨化,腹部淡色,第 1~4 背片有圆形缘斑。

　　分布:陕西、黑龙江、吉林、辽宁、北京、河北、天津、内蒙古、宁夏、甘肃、青海、新疆、浙江、福建、台湾、广东、四川;大洋洲。

　　习性:取食白羊草、马唐、画眉草、红蓼、高粱、狼毒、荻、玉蜀黍、普通小麦、大麦、燕麦、莜麦等。

13. 红花指管蚜 *Uroleucon gobonis* (Matsumura, 1917)

特征：无翅孤雌蚜体长约3.6mm，体纺锤形；活体黑色；前、中胸背板有横带横贯全节，后胸背板及腹部各节背毛均有毛基斑，前、中胸背板缘斑最大，腹管后斑大型，腹管前斑小，其他各节缘斑均较小。有翅孤雌蚜体长约3.1mm，体纺锤状；腹部各节背片中毛及侧毛均有小毛基斑，第2～4背片缘斑大楔形，第7背片缘斑小，第8背片中横带。

分布：陕西、黑龙江、吉林、辽宁、北京、河北、天津、河南、宁夏、甘肃、新疆、山东、江苏、浙江、福建、台湾；俄罗斯、朝鲜、日本，印度、印度尼西亚。

习性：取食牛蒡、薇术、红花、关苍术和苍术等中草药用植物，以及水飞蓟和刺菜等蓟属植物。

八、毛蚜科　Chaitophoridae

1. 胡颓子钉毛蚜 *Capitophorus elaeagni* (Del Guercio, 1894)

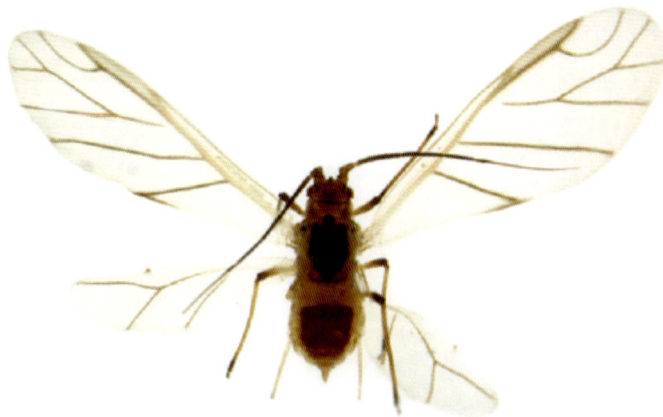

特征：无翅孤雌蚜体纺锤形。活体浅绿色，背有翠绿色斑纹。玻片标本淡色，无斑纹，体背有不规则横纵纹，体两侧缘明显，腹部背片Ⅶ、Ⅷ两缘及腹面有微瓦纹。足具微瓦纹。腹管细长管状，具瓦纹。尾片尖锥状，由小刺突组成瓦纹。尾板末端圆形，顶端突出。

分布：北京、天津、辽宁、山东、四川、陕西、青海、新疆、湖南、湖北、福建、台湾；日本、埃及、欧洲、大洋洲，北美洲。

习性：取食刺菜、沙棘、胡颓子。

2. 山钉毛蚜 *Capitophorus montanus* Takahashi, 1921

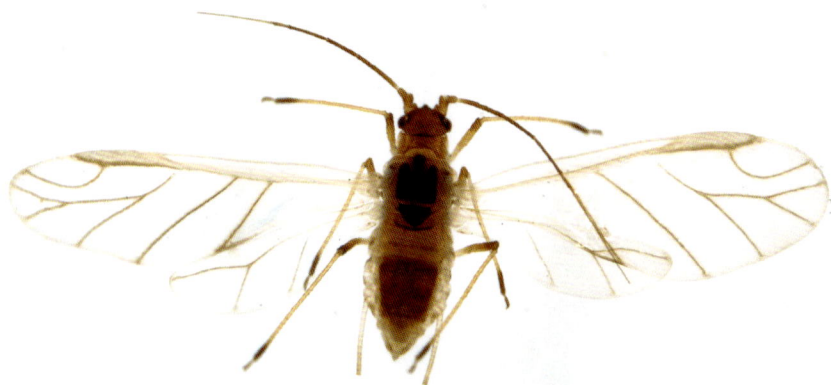

    特征: 活体浅绿色, 背有翠绿色斑纹。玻片标本淡色, 无斑纹。触角深色, 喙淡色, 顶端深褐色。足跗节深色。腹管淡色, 顶端褐色。尾片、尾板及生殖板淡色。体背有不规则横纵纹, 体两侧缘尤为显著, 腹部背片第 7、8 片两缘及腹面有微瓦纹。

    分布: 山东、辽宁、台湾; 朝鲜半岛及俄罗斯、日本。

    习性: 取食大果沙枣。

3. 萎蒿稠钉毛蚜 *Pleotrichophorus glandulosus* (Kaltenbach, 1846)

    特征: 无翅孤雌蚜呈卵形。活体浅绿色。玻片标本全淡色, 无斑纹。体光滑, 腹管后几节背片微显瓦纹。体背多毛, 雄花蕊形、钉形或顶端扇形。触角细长, 具瓦纹。腹管细长管状, 具瓦纹, 向基部及端部稍粗。尾片长圆锥形, 顶钝。尾板末端圆形, 具长短毛。生殖板淡色。

    分布: 北京、河北、辽宁、浙江、湖南、甘肃、湖北; 朝鲜、日本、欧洲。

    习性: 取食萎蒿、黄蒿。

九、花蝽科 Anthocoridae

小花蝽 *Orius* sp.

特征：体小型，椭圆形。体暗黑褐色，具光泽。头上大型刚毛状毛很短，单眼突出。触角粗细较一致。喙超过前足基节。前胸背板布有刻点。前翅布有刻点，膜片具 3 条脉。后足基节相互靠近，雄虫前足胫节内侧具小齿。臭腺沟缘向前弯，略呈半圆形。后胸腹板三角形。

分布：山东。

习性：捕食蚜虫、粉虱等。

十、网蝽科 Tingidae

菊方翅网蝽 *Corythucha marmorata* (Uhler, 1878)

特征：体长 2.8 ～ 3.2mm。头顶及体腹面黑褐色，足和触角浅黄色，腹部褐色。头兜、纵脊、侧背板及前翅网室乳白色、半透明或不透明，具网状褐斑。前翅近长方形，前缘基部强烈上卷，前缘域宽大。

分布：浙江、江苏、湖南、上海、安徽、湖北、江西、贵州、福建、广西、山东、河南、重庆、台湾。

习性：取食菊科植物。

十一、黾蝽科 Gerridae

黾蝽 *Gerris* sp.

特征：体狭长，纺锤形。体大部黑色，被灰白色毛。头较小，前伸，复眼大而突出，单眼不发达。触角短，4 节，长于头。喙 4 节，短而粗。前胸背板前端黑色，具浅色纵中线，中端和后端黑色、褐色或黄色。腹部第 7 节后角呈宽三角形叶状。

分布：山东。

习性：捕食性。常见于水面。

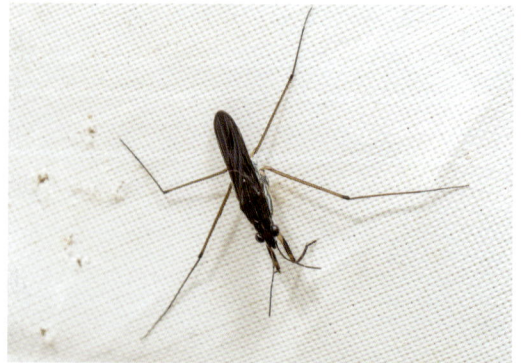

十二、盲蝽科 Miridae

1. 三点苜蓿盲蝽 *Adelphocoris fasciaticollis* Reuter, 1903

　　特征：体长 6.3 ~ 8.5mm。体长椭圆形，底色淡黄褐色至黄褐色。喙伸几乎达后足基节末端。前胸背板光泽强，胝区黑。小盾片淡黄色至黄褐色。爪片黑褐色，有时外部黄褐色，革片及缘片淡黄褐色至黄褐色，具三角形黑褐斑纹，缘片外缘狭窄地黑褐色，楔片黄白色，端角区黑色。膜片淡烟黑褐色。足淡污褐色。

　　分布：陕西、黑龙江、辽宁、内蒙古、河北、山西、河南、山东、江苏、安徽、湖北、江西、海南、四川。

　　习性：取食棉、马铃薯、大豆、大麻、小麦、蓖麻、蒿类、葎草、地肤、甜菜、苜蓿。

2. 黑唇苜蓿盲蝽 *Adelphocoris nigristylus* Hsiao, 1962

　　特征：体长 7.0 ~ 8.2mm。体长椭圆形，淡褐色，通常略带锈褐色泽。喙伸达后足基节端部。胝前及胝间区具闪光丝状毛，盘域具淡色平伏刚毛状毛，前侧角胝外侧区域具闪光丝状毛，均匀分布浅刻点。小盾片黑褐色，具浅横皱。缘片侧面观极狭细地黑褐色。楔片淡黄白色，端部黑褐色，具稀疏黑色刚毛状毛。膜片烟黑褐色。

　　分布：北京、天津、河北、山西、辽宁、吉林、黑龙江、江苏、浙江、安徽、江西、山东、河南、湖北、海南、四川、贵州、陕西、甘肃、宁夏。

　　习性：取食葎草、马铃薯及十字花科植物。

3. 斯氏后丽盲蝽 *Apolygus spinolae* (Meyer-Dür, 1841)

　　特征：体长 4.2 ~ 6.0mm。体椭圆形，绿色具光泽。唇基端部黑色，上唇淡色，触角黄绿色。喙伸达后足基节末端。小盾片具横皱。爪片与革片密布清晰刻点，楔片淡黑褐色至黑褐色，膜片浅色透明，散布少量淡褐色斑。足黄绿色，后足股节端部具 2 个褐色环，胫节刺黑色。

　　分布：北京、天津、黑龙江、山东、浙江、河南、广东、四川、云南、陕西、甘肃；俄罗斯、日本、朝鲜、埃及、阿尔及利亚及欧洲。

　　习性：取食小麦、枣、棉花等。

4. 黑食蚜齿爪盲蝽 *Deraeocoris punctulatus* (Fallén, 1807)

特征：体长 7.0～8.3mm。前翅黄色或褐色，具暗色花纹，楔片内角黑。前翅刻点清晰，与前胸背板后段相似。复眼不成柄状。前胸背板胝区后方无横沟分割。爪基部具明显的齿。

分布：山东、内蒙古、宁夏、湖北；奥地利、比利时、克鲁迪亚、捷克、法国、德国、匈牙利、意大利、卢森堡、摩尔多瓦、荷兰、波兰、斯洛伐克、斯洛文尼亚、瑞士、乌克兰、蒙古、俄罗斯。

习性：取食蚜虫、木虱等小型昆虫和螨类。

5. 杂毛合垫盲蝽 *Orthotylus flavosparsus* (Sahlberg, 1841)

特征：体长 2.8～4.0mm。体绿色，呈近长椭圆形。头顶平坦。触角黄褐色，4 节，细而长。前翅具黄色不规则斑纹，密被黑褐色半直立长毛及簇状分布的淡色鳞片状毛，翅基部有 2 个封闭的小室。足淡黄褐色，细长，跗节 3 节，顶端 2 个爪。腹部腹面淡黄色，被淡色细毛。

分布：黑龙江、内蒙古、北京、天津、河北、山西、浙江、江西、山东、河南、陕西、宁夏、甘肃、新疆、湖北、四川；韩国、日本、哈萨克斯坦、乌兹别克斯坦、吉尔吉斯斯坦、塔吉克斯坦、伊朗、伊拉克、以色列、土耳其、俄罗斯、阿塞拜疆、亚美尼亚、格鲁吉亚、意大利、塞浦路斯、美国、阿根廷、智利。

习性：取食藜科植物。

6. 龙江斜唇盲蝽 *Plagiognathus amurensis* Reuter, 1883

特征：体长 3.2～3.8mm。体色变化大，大多黄褐色，有时黑色，具光泽。被较细的褐色刚毛。头部半垂直至垂直。额圆隆。眼红褐色，雄性眼高约条于头高，雌性眼高小于头高。触角细长，黑色至暗污黄色。足深黄色，胫节基部具黑色斑，胫节刺黑色，刺基具黑斑，胫节被金黄色毛，后足腿节具黑色微刺。

分布：陕西、黑龙江、北京、天津、山西、河南、山东、湖北；俄罗斯。

习性：取食北艾。

7. 北京异盲蝽 *Polymerus pekinensis* Horváth, 1901

　　特征: 体长 4.7 ～ 7.7mm。体黑色, 具光泽。头垂直, 下伸, 侧面观较为高扁, 眼高略大于眼下部分高, 眼下部分长大粗壮。前胸背板饱满拱隆。小盾片微拱隆, 具明显粗横皱。楔片黑色, 膜片灰黑色, 脉淡色。足黑色, 各足股节亚端部具 1 个黄白色环或黄白色半环, 胫节其余部分黄白色至淡褐色, 端部黑色。

　　分布: 北京、天津、山西、内蒙古、吉林、黑龙江、浙江、安徽、福建、江西、山东、四川、云南、陕西; 日本、朝鲜。

　　习性: 植食性, 具趋光性。

8. 杂盲蝽 *Psallus* sp.

　　特征: 体中小型, 长卵圆形。体色多变, 浅色至深色。头较短, 高不大于宽, 强烈下倾, 唇基在侧面观显明。复眼大, 表面颗粒状。腿节粗壮, 胫节刺黑色, 刺基部一般具黑色斑点。爪弯曲, 副爪间突刚毛状。

　　分布: 世界广泛分布。

　　习性: 取食木本植物。

9. 紫斑突额盲蝽 *Pseudoloxops guttatus* Zou, 1987

　　特征: 体长约 3.4mm。体底色黄白色, 密布紫红色斑点。头部黄白色红斑稀少。前胸背板梯形, 淡黄色, 两侧缘各具 1 条较宽的红褐色纵带, 中央具 1 条淡红色纵纹, 或仅有 1 个长椭圆红斑。前翅缘片红色, 最末端黄白色, 窄长, 革片红斑密集。

　　分布: 河北、山东、河南、陕西。

　　习性: 取食果树。

10. 二刺狭盲蝽 *Stenodema calcarata* (Fallén, 1807)

特征: 体长 5.8 ～ 8.4mm。体狭长椭圆形。体黄绿色，头同体色，头中线有时具淡黑褐色隐约纵带，前胸背板两侧有时具黑色纵带，具黄白色中嵴，密布深刻点。爪片及革片内半色有时加深，呈淡黑褐色，爪片脉及 Cu 脉淡色。后足腿节顶端下方具一大一小 2 个大刺。

分布: 山东、内蒙古、新疆、黑龙江、吉林；朝鲜、日本、俄罗斯及亚洲中部、西亚、欧洲。

习性: 取食禾本科植物。

11. 条赤须盲蝽 *Trigonotylus coelestialium* (Kirkaldy, 1902)

特征: 体长 4.8 ～ 6.5mm。头背面具淡褐色至淡红褐色中纵细纹，又沿触角基内缘经眼内缘至头后缘间有 1 个淡褐色细纵纹。触角红色。喙长，超过中胸腹板后缘，近乎到达或微超过中足基节后缘。小盾片具淡色中纵纹，两侧有时具有暗色纵纹。胫节端部及跗节红色、红褐色至黑褐色不等，后足胫节刺淡黄褐色。

分布: 青海、甘肃、宁夏、内蒙古、吉林、黑龙江、辽宁、河北、山东；日本、朝鲜、俄罗斯及欧洲、北美洲。

习性: 取食玉米、小麦、大豆、油菜及水稻等。

12. 蒙古条斑翅盲蝽 *Tuponia mongolica* Drapolyuk, 1980

特征: 体长 3.0 ～ 3.5mm。体草黄色，被浅色毛，革片中部的毛呈黑色。小盾片基部及革片中部略呈橙黄色，楔片草黄色，端部颜色较淡。前翅超过腹部末端，膜片烟黑色，翅脉浅色。腹部草黄色。足浅色，胫节刺黑色，胫节刺基部无黑色斑点。

分布: 天津、山东、内蒙古。

习性: 取食柽柳、棉花。

十三、姬蝽科 Nabidae

1. 类原姬蝽 *Nabis (Nabis) punctatus punctatus* A. Costa, 1847

特征：体长 6.8 ～ 7.5mm，细长。体浅灰色，具深色斑纹，头顶中央纵纹，眼后部两侧、前胸背板前叶中央两侧、小盾片基部及前胸背板后叶中央均布黑褐色纹。触角浅褐色，第 1 节较短。前翅膜片色淡，翅脉不显著。足浅黄色。

分布：北京、天津、河北、黑龙江、吉林、内蒙古、河南、山东、陕西、甘肃、宁夏、新疆、四川、贵州、云南、西藏。

习性：捕食棉长管蚜、土耳其斯坦叶螨、烟蓟马、牧草盲蝽、叶蝉、棉铃虫、地老虎等，也取食棉花等作物。

2. 姬蝽 *Nabis* sp.

特征：体细长。体大部黄褐色，色污暗，具有黑色至黑褐色斑。复眼红色。雄性抱器不分叶，阳茎的骨化刺数目少。

分布：世界广泛分布。

习性：多捕食蚜虫等。

3. 华姬蝽 *Nabis (Nabis) sinoferus* Hsiao, 1964

特征：体长 7.4 ～ 9.0mm。体淡草黄色。头顶中央具小色斑，有时不明显或消失，小盾片中央及前翅爪片顶端黑色，革片端半部具 3 个不清晰斑，膜片翅脉浅褐色。各足股节上具不清晰斑及横纹。

分布：陕西、黑龙江、吉林、内蒙古、北京、天津、河北、河南、山东、甘肃、宁夏、青海、新疆、湖北、广西；蒙古、阿富汗、乌兹别克斯坦、吉尔吉斯斯坦、塔吉克斯坦。

习性：取食棉蚜等昆虫，也取食棉花等作物。

十四、蛛缘蝽科 Alydidae

点蜂缘蝽 *Riptortus pedestris* (Fabricius, 1775)

特征：体长 15～17mm。体粗壮，红褐色至黑褐色。头三角形，触角第 1 节长于第 2 节，1～3 节端部稍膨大，基半部色淡，第 4 节基部距 1/4 处色淡。头、胸部两侧的不规则点状黄斑有或消失。前胸背板、胸侧板布不规则黑色颗粒。小盾片三角形。后足腿节粗大，后足胫节向背面弯曲。

分布：河北、山东、河南、陕西、山西、江苏、浙江、福建、广东、江西、云南；朝鲜、日本、越南、老挝、泰国、缅甸、印度、斯里兰卡、印度尼西亚、马来西亚。

习性：取食豆科、禾本科植物。

十五、缘蝽科 Coreidae

1. 瘤缘蝽 *Acanthocoris scaber* (Linnaeus, 1763)

特征：体长 10.5～13.5mm。体深灰褐色。触角具粗硬毛。前胸背板具显著的瘤突，侧接缘各节的基部棕黄色，膜片基部黑色，胫节近基端有 1 个浅色环斑。后足腿节膨大，内缘具多枚小齿，喙达中足基节。

分布：贵州、山东、江苏、安徽、湖北、浙江、江西、四川、福建、广西、广东、云南、西藏、台湾；日本、朝鲜。

习性：取食辣椒、马铃薯、番茄、茄子、蚕豆、蕹菜、瓜类等。

2. 稻棘缘蝽 *Cletus punctiger* (Dallas, 1852)

特征：体长 9.5～11.6mm。体狭长，黄褐色，密布刻点。头顶中央具短纵沟，头顶及前胸背板前缘具黑色小粒点，触角深棕色，第 1 节较粗，长于第 3 节，第 4 节纺锤形。复眼褐红色，单眼红色。前胸背板侧角发达细长上翘，角末端黑色。足浅棕色。

分布：上海、江苏、浙江、安徽、河南、福建、江西、湖南、湖北、广东、云南、贵州、西藏、山东；印度。

习性：取食水稻、麦类、黄粟、高粱、玉米、甘蔗、棉、芝麻、蚕豆、豌豆、大豆、狗尾草、雀稗等。

3. 西部喙缘蝽 *Leptoglossus occidentalis* Heidemann, 1910

特征：体长 16 ～ 20mm。体棕褐色至深棕色。单眼红色，喙长达第 4 腹节。触角 4 节，除第 1、4 节黑色外，其余节暗红褐色。前胸背板前缘有 2 块对称分布的白色斑块，具黑色斑点，前翅革质部与膜质相交处具白色的 "h" 形结构。前足腿节内侧有锯齿，后足腿节内侧有 2 排锯齿，后足胫节呈叶状。

分布：中国中部、南部及东南沿海地区；北美洲。

习性：取食松属植物。

4. 栗缘蝽 *LiorhysSus hyalinus* (Fabricius, 1794)

特征：体长 7.0 ～ 7.8mm。体长椭圆形。体黄棕色或黄褐色，密被长的浅色细毛。头三角形，背面具对称黑色纹，头顶中央具黑色短纵沟。触角第 2、3 节圆柱状，第 4 节长纺锤形。前胸背板梯形，侧角钝圆，小盾片三角形。前翅透明。腹部背面黑色，第 5 腹节背板中央具 1 长椭圆黄斑，两侧各具 1 个小黄斑。

分布：山东、陕西、黑龙江、内蒙古、北京、天津、河北、江苏、安徽、湖北、江西、四川、广东、广西、贵州、云南、西藏。

习性：取食粟、高粱、小麦、麻类、向日葵及烟草等。

5. 二色普缘蝽 *Plinachtus bicoloripes* Scott, 1874

特征：体长 13.5 ～ 14.0mm。体黑褐色，密被细小深色刻点，腹面黄色。触角红色，稍长于体长的 2/3，喙短，末端黑色，伸达中足基节。前胸背板梯形，侧缘平直，小盾片三角形，顶端黑色。前翅膜片浅褐色。各足股节基半部黄色，端半部、胫节及节红褐色。

分布：陕西、北京、天津、山西、山东、江苏、浙江、湖北、江西、四川、云南；韩国、日本。

习性：取食榆、杨、冬青、卫矛等。

十六、姬缘蝽科 Rhopalidae

开环缘蝽 *Stictopleurus minutus* Blöte, 1934

特征：体长 6.0～8.2mm。体黄绿色，有时略带赭色。全体布细小浓密的黑色刻点，头的腹面及腹部腹面除外。前胸背板前端横沟前无光滑的横脊。前翅除基部、前缘、翅脉及革片顶角外完全透明。腹部背面黑色。侧接缘黄色，各节后部常具黑色斑点。足具黑色斑点。

分布：陕西、黑龙江、吉林、北京、河北、新疆、山东、江苏、浙江、江西、福建、广东、四川、云南、西藏、台湾；日本。

习性：取食豆科植物等。

十七、跷蝽科 Berytidae

锤胁跷蝽 *Yemma exilis* Horváth, 1905

特征：体长 6.9～7.1mm。体黄褐色，头部黄褐色，头部侧面较浅，头顶微隆。前胸背板背面观近乎梯形。小盾片后端平截，黄褐色。前翅短，淡黄色透明，革片与膜片相接翅脉的内缘黑褐色。胸部腹面黄褐色，背面黄褐色，无刻点。足黄褐色，腿节均布黑褐色小点，跗节黑褐色，爪黑色。

分布：陕西、辽宁、北京、天津、河北、山西、河南、山东、甘肃、浙江、湖北、江西、湖南、海南、四川、贵州、云南；日本。

习性：取食豆科大豆属植物。

十八、长蝽科 Lygaeidae

1. 角红长蝽 *Lygaeus hanseni* Jakovlev, 1883

特征：体长 8～9mm。前胸背板黑色，中线及两侧的端半部红色，后部具角状黑斑，被金黄色短毛，后叶前侧缘及其中央具宽纵纹红色。前翅暗红色，膜片黑褐色，基部具不规则的白色横纹，中央有 1 个圆形白斑，边缘灰白色，革片中部具 1 个光裸圆斑，外部亦为红色。

分布：黑龙江、吉林、辽宁、内蒙古、宁夏、甘肃、北京、天津、河北、山西、山东；韩国、蒙古、俄罗斯、哈萨克斯坦及西伯利亚。

习性：取食板栗、酸枣、小麦、玉米、月季、枸杞、落叶松、油松等。

2. 小长蝽 *Nysius ericae* (Schilling, 1829)

特征：体长 3.9 ～ 4.8mm。体褐色至深褐色。头三角形，淡褐色或微带红褐色至棕褐色，布黑色颗粒。触角褐色，第 1、4 节常常略深。前胸背板前部密布黑色粗颗粒，后胸、小盾片布黑色刻点。前翅半透明淡白色，革质部末端有 1 个黑斑，膜质部透明具 5 条纵脉，无翅室。

分布：山东、陕西、北京、天津、河北、河南、宁夏、新疆、浙江、四川、贵州、西藏；古北界与新北界广泛分布。

习性：取食桑、水稻、高粱、玉米、粟、稗、芝麻、烟草、苋、冬苋、刺苋、野苋、小飞蓬、加拿大蓬、一年蓬、鸡冠花、乌敛莓、扁蓄、鼠麴草、莲子草、狗尾草、荠菜、猪殃殃、小艾、马兰、猕猴桃、板栗、厚朴。

3. 斑脊长蝽 *Tropidothorax cruciger* (Motschulsky, 1859)

特征：体长约 11.5mm。头全黑色。前胸背板中纵脊和侧缘脊较低，前胸背板黑带伸过胝沟，有时前胸背板胝沟前具分离的黑色或褐色斑点。爪片全部或基部黑色，革片具大至中等的黑斑。腹部第 5 腹板和第 6 腹板具分离的中部黑带和侧面黑斑。雌性第 7 腹板通常仅具侧面黑斑；雄性第 7 腹板黑色，侧面红色。

分布：山东、陕西、北京、宁夏、甘肃、上海、江苏、安徽、浙江、湖北、湖南、福建、台湾、四川、西藏及东北地区；俄罗斯、韩国、日本。

习性：取食小叶杨、柳、榆、花楸、桦、橡树、山楂、醋栗、杏、梨、海棠。

十九、皮蝽科 Piesmatidae

拟皮蝽 *Parapiesma* sp.

特征：体小型。体浅黄色，背面具大的网状刻点。上唇横向突出，前缘两侧各有 3 根长刺毛。下颚长且尖锐，外侧面光滑。前胸背板具有 2 ～ 3 条纵脊，前胸中部两侧较直，后角略钝。

分布：山东。

习性：植食性，多见于藜科、苋科植物上。

二十、大眼长蝽科　Geocoridae

大眼长蝽 *Geocoris pallidipennis* (Costa, 1843)

特征：体长 3.0～3.8mm。体形小，粗短，椭圆形。头黑色，有光泽、无刻点，微具横皱，被甚短的白色毛。眼肾形，较大。雌性触角比雄性触角色深。前胸背板梯形，后角较钝，前角宽圆。体下方黑色，喙、头部下方黑褐色。足黑褐色，股节两端色渐淡，或股节深而胫节淡。

分布：陕西、辽宁、北京、天津、河北、河南、山东、宁夏、甘肃、上海、浙江、湖北、江西、福建、海南、四川、云南；印度、印度尼西亚、菲律宾、土耳其、以色列、南斯拉夫、埃及、摩洛哥、突尼斯及欧洲。

习性：捕食麦蚜、红蜘蛛、蓟马等昆虫。

二十一、地长蝽科　Rhyparochromidae

1. 白边刺胫长蝽 *Horridipamera lateralis* (Scott, 1874)

特征：体长 5.5～7.3mm。头黑色。触角第 1、2 节淡褐色，第 3 节基部淡褐色，后渐深，第 4 节深褐色，近基部处具 1 个宽黄白环。前翅革质部密被平伏毛，爪片几乎全部深褐色至紫褐色，革片 Sc 脉前区淡黄白色，其余大部紫褐色，膜片烟褐色。足黄褐色，前股黑色，中、后足股节端部黑褐色。

分布：陕西、北京、河北、河南、山东、安徽、浙江、湖北、江西、湖南、福建、广西、贵州；俄罗斯、韩国、日本。

习性：成虫具趋光性。

2. 东亚毛肩长蝽 *Neolethaeus dallasi* (Scott, 1874)

特征：体长 5.8～8.1mm。头黑色至深黑褐色，具密而粗的刻点。触角褐色至黑褐色。前胸背板深褐色至黑褐色，小盾片黑褐色。爪片底色深浅不一，革片色斑，基半部淡黄褐色，后半底色黑褐色，端缘处内侧具方形淡斑，端缘处外侧亦有 1 个形状不规则的大淡斑，中间具 1 个淡色斑块。膜片淡烟色，脉色略深。

分布：陕西、甘肃、北京、山西、山东、江苏、浙江、江西、湖北、福建、广东、广西、四川、台湾；日本。

习性：取食水稻、杂草等。

3. 白斑地长蝽 *Rhyparochromus albomaculatus* (Scott, 1874)

特征：体长 5.8～7.9mm。头黑色，无光泽，密被短毛。触角第 4 节基部具 1 个白环。前胸背板前叶黑色且无光泽，其余黄白色，前叶周缘及后叶均具刻点。小盾片黑色，具刻点，侧缘下半部具黄白色纹。膜片黑褐色，散布不规则的细碎斑。各足基节黑色，中、后足股节基部 1/3～1/2 淡黄褐色，其余黑色。

分布：吉林、北京、天津、河北、山西、山东、陕西、河南、四川、江苏、湖北、广西；日本、朝鲜及亚洲中部。

习性：取食杉木、板栗。

二十二、土蝽科 **Cydnidae**

1. 圆阿土蝽 *Adomerus rotundus* (Hsiao, 1977)

特征：体长 4～5mm。体深褐色，卵圆形。头梯形，布显著刻点。复眼暗红褐色至黑褐色，单眼红色至红褐色。前胸背板前角方形，背面密被显著刻点。前翅革片中部具白斑。腹部侧缘具白色条纹。各足腿节具稀疏的刚毛，各足胫节北侧具白色条纹，胫节具粗壮刺和刚毛。

分布：陕西、北京、天津、山东、江苏、香港；俄罗斯、日本。

习性：取食小麦、苜蓿及蔬菜等。

2. 大鳖土蝽 *Adrisa magna* (Uhler, 1861)

特征：体长 12.3～20.2mm。体椭圆形，黑色或黑褐色。头背面具粗糙刻点及沟痕。触角褐色，4 节。前胸背板具大小不一的粗刻点。小盾片呈三角形，背面具稀疏刻点。革片密被均匀刻点，爪片具 3～4 条刻痕。腹部腹板黑褐色至黑色。足褐色至黑褐色，后足胫节基部有时具瘤状突。

分布：山东、陕西、北京、天津、河北、河南、湖北、江西、湖南、广东、海南、四川、云南、香港、台湾；韩国、日本、越南、老挝、泰国、缅甸。

习性：取食植物种子。成虫具趋光性。

3. 青革土蝽 *Macroscytus japonensis* Scott, 1874

特征：体长 7.5 ～ 10.0mm。体褐色至黑褐色。卵圆形。触角 5 节，长于前胸背板。前胸背板前部光洁，后部具稀疏刻点，侧缘靠近前角处具成列的刚毛，后缘向两侧扩展成瘤状。小盾片端部延长，侧缘与端部弯曲。后足股节端部具刺突。

分布：北京、甘肃、河南、山东、上海、江苏、浙江、江西、福建、湖北、广东、四川、云南、台湾；日本、缅甸、越南。

习性：取食豆类、花生、麦类、禾草等。

二十三、兜蝽科 Dinidoridae

1. 皱蝽 *Cyclopelta* sp.

特征：体中小型。体黑褐色，无光泽。卵圆形。头小，触角 4 节，黑色。前胸背板后半部及小盾片上，布细皱纹。小盾片前缘中央有 1 个黄色小点，有时末端也具 1 个小黄点，小盾片三角形至腹部第 4 节，基缘中央通常具黄褐色或红褐色小斑。腹部各节侧缘不成角状向外突出。

分布：中国广泛分布。

习性：取食豆科植物。

2. 短角瓜蝽 *Megymenum brevicorne* (Fabricius, 1787)

特征：体长 13 ～ 16mm。体黑褐色，体背具有许多不规则的小瘤突和刻点，触角第 2、3 节扁，前胸背板前角尖锐，前侧缘前半部强烈曲折，腹部侧接缘每节均具 1 个大型锯齿状和小齿状的突起。

分布：山东、河北、安徽、浙江、湖北、江西、湖南、福建、广东、海南、广西、四川、贵州、云南、西藏；印度、不丹、缅甸、老挝、泰国、马来西亚、斯里兰卡、印度尼西亚。

习性：取食南瓜、黄瓜、短藤瓜、豆类。

二十四、蝽科 Pentatomidae

1. 华麦蝽 *Aelia fieberi* Scott, 1874

特征：体长 8.5～10.3mm。体淡黄褐色至褐色，密布刻点。胸部前胸背板正中央及沿前侧缘内侧具宽黑纵纹，中央黑纵纹上具 1 条光滑细纵中线。小盾片倒三角形，正中央具 1 条光滑纵中线。前翅革片中裂外缘具 1 个浅色光滑纵脊，膜片透明，中央具 1 个褐色细纵纹。足淡黄色，腿节近端部具 2 个小黑斑。

分布：陕西、黑龙江、吉林、辽宁、内蒙古、北京、天津、河北、山西、河南、山东、甘肃、江苏、浙江、湖北、江西、湖南、四川、云南、西藏；俄罗斯、朝鲜、日本。

习性：取食小麦、水稻等。

2. 斑须蝽 *Dolycoris baccarum* (Linnaeus, 1758)

特征：体长 10.5～12.0mm。体除前翅革片和头腹面外均被白色直立长毛。头背面黄褐色，刻点黑色，粗糙，头顶中央和唇基中央刻点稀疏。触角黑色。前胸背板后半、前翅革片带枣红色。小盾片端部较狭长，表面黄褐色，具刻点。膜片透明淡褐色，末端明显超过腹末。足淡黄褐色，胫节端部略带黑色。

分布：陕西、黑龙江、吉林、辽宁、内蒙古、河北、山西、河南、山东、甘肃、青海、宁夏、新疆、江苏、浙江、湖北、江西、湖南、福建、广东、海南、广西、四川、贵州、云南、西藏；古北界。

习性：取食禾谷类、蔬菜、棉花、烟草、亚麻、桃、梨、柳等。

3. 广二星蝽 *Eysarcoris ventralis* (Westwood, 1837)

特征：体长 6～7mm。体长椭圆形，淡黄褐色或黄褐色，布黑色小刻点。头宽短，单眼淡红色，复眼黑褐色。触角黄褐色，自基部至端部颜色渐深。喙黄褐色，端部 1 节黑色。小盾片约呈倒三角形，端缘一般具 3 个小黑点斑。膜片灰白色，半透明。足浅黄褐色或黄褐色，散布小黑点斑。

分布：陕西、辽宁、河北、北京、天津、山西、河南、山东、新疆、安徽、浙江、湖北、江西、福建、广东、海南、广西、四川、贵州、云南、台湾；古北界。

习性：取食水稻、小麦、高粱、玉米、小米、甘薯、棉花、大豆、芝麻、花生、稗、狗尾草、马兰、牛皮冻、老鹳草。

4. 赤条蝽 *Graphosoma lineatum* (Linnaeus, 1758)

特征：体长 9 ~ 11mm。体红褐色，具黑色条纹，其中，头部 2 条，前胸背板 6 条和小盾片 4 条。触角 5 节。体表密被刻点。前胸背板宽大。体腹面橙红色，被众多黑色斑点。足黑色。

分布：中国广泛分布；日本、朝鲜、俄罗斯。

习性：取食伞形科植物。

5. 珠蝽 *Rubiconia intermedia* (Wolff, 1811)

特征：体长 5.5 ~ 8.5mm。体大部淡黄褐色，头黑色，触角暗棕褐，密布黑色刻点。前胸背板前侧缘几平直，边缘黄白色，略翘，侧角钝圆。小盾片两基角处各具 1 个小黄斑，端部新月斑黄白色。前翅革质部基处外缘黄白色，膜片透明无色。各足胫节端及跗节色稍暗。

分布：湖南、黑龙江、吉林、辽宁、内蒙古、宁夏、甘肃、青海、河北、山西、陕西、河南、江苏、浙江、安徽、江西、湖北、四川、广东、广西、贵州、山东；蒙古、俄罗斯、日本、德国、意大利、保加利亚、匈牙利。

习性：取食麦类、水稻、豆类、苹果、桃等。

6. 茶翅蝽 *Halyomorpha halys* (Stål, 1855)

特征：体长 10 ~ 16mm。体色多变，通常茶褐色、黄褐色至全身金绿色不等。前胸背板前缘横列 4 个淡黄褐色小点，布不均匀黑色刻点。小盾片三角形，基部中央有时具 1 个小黄点。前翅革质部布均匀刻点，略带红褐色。足黄褐色，股节除端部外，均布黑色刻点。腹部黄色或橙红色，两侧各节间均有 1 个黑斑。

分布：山东、陕西、黑龙江、吉林、辽宁、内蒙古、河北、山西、河南、江苏、安徽、浙江、湖北、湖南、福建、广东、江西、四川、贵州、云南、西藏、台湾；朝鲜、日本。

习性：取食苹果、梨、桃、樱桃、杏、海棠、山楂等果树，以及大豆、菜豆和甜菜等作物。

二十五、红蝽科 Pyrrhocoridae

1. 地红蝽 *Pyrrhocoris sibiricus* Kuschakewitsch, 1866

特征：体长 8～10mm。体暗红灰色，长卵圆形。头及触角黑色，头顶中央具有红色纵纹。前胸背板横宽，侧缘近直，大部密被黑色刻点，前部中央区域光洁，具有 2 个分离的长方形黑斑，黑斑周围红色。膜片褐色。中胸侧板后缘具有明显白色。

分布：北京、甘肃、青海、内蒙古、辽宁、河北、天津、山东、江苏、上海、浙江、四川、西藏；日本、朝鲜、蒙古、俄罗斯。

习性：取食水稻，以及十字花科、锦葵科植物。

2. 曲缘红蝽 *Pyrrhocoris sinuaticollis* Reuter, 1885

特征：体长约 7.5mm。体暗褐色，微具蓝色闪光，窄长形。前胸背板侧缘中央显著内曲，布黑色刻点，但前部刻点较为细小，前部中央具不清晰黑斑。小盾片、前翅爪片、革片均密被黑色刻点。中、后胸侧板侧缘暗色，侧接缘黑黄两色。

分布：湖南、北京、湖北、浙江、贵州、山东；俄罗斯。

习性：取食豆科植物。

二十六、猎蝽科 Reduviidae

1. 黑光猎蝽 *Ectrychotes andreae* (Thunberg, 1784)

特征：体长 14.5～15.5mm。体黑色，具蓝色光泽，具黄纹，黄斑纹不同个体稍有差异。腹部各节之间黑色，雄虫第 5～7 节侧接缘末端具黑斑，雌虫侧接缘第 2 节端部具小黑斑。各足转节及前、中足股节基部、后足股节基半部、腹部腹面均为红色。

分布：山东、陕西、辽宁、北京、河北、甘肃、上海、江苏、浙江、湖北、湖南、福建、广东、海南、广西、四川、贵州、云南。

习性：捕食多种鳞翅目、膜翅目幼虫。

2. 环斑猛猎蝽 *Sphedanolestes impressicollis* (Stål, 1861)

特征：体长 16.5 ～ 17.5mm。体黑色被短毛，具光泽。触角第 1 节具 2 个浅色环纹。膜片褐色透明，前翅稍超过腹部末端。腹部腹面中部及侧接缘每节的端半部均为黄色或浅黄褐色。股节具 2 或 3 个浅色环，胫节具 1 个浅色环。

分布：陕西、天津、河南、山东、甘肃、江苏、浙江、湖北、江西、湖南、福建、广东、广西、四川、贵州、云南；日本、印度及朝鲜半岛。

习性：捕食棉蚜、棉铃虫及棉小造桥虫等。

第六章
啮 虫 目
Psocodea

啮虫目（Psocodea）缺齿型俗称书虱，以淀粉质或动物碎片为食。体小，头大呈垂直方向。触角长丝状，13~50节，口器咀嚼式。通常无翅型多见，有翅型前后翅膜质脆弱，翅脉隆起，横脉少，前翅大于后翅。

外啮虫科 Ectopsocidae

外啮虫 Ectopsocidae sp.

特征：体微小型。体黄褐色，足浅黄褐色。头部宽大于胸部，头胸间具有颈。复眼球状，黑褐色。翅淡褐色透明叶状。

分布：山东。

习性：常栖息于树皮、篱笆、石块、植物枯叶等地。

第七章
鞘 翅 目
Coleoptera

鞘翅目（Coleoptera）统称甲虫。目前，全世界已知超过 42 万种，为动物界中最大的一目，占昆虫纲的 40%。甲虫分布极广，但因其隐蔽的生活习性而不易被发现。甲虫属完全变态类，幼虫衣鱼型或蝎型，亦有缺足成蛆状者。体形大小差异极大；复眼形态多变，有时完全消失；触角一般 11 节，有时 2 节；口器咀嚼式，下口式或前口式；前翅角质，被称为鞘翅（elytra），缺翅脉，后翅膜质，藏于鞘翅下，有时消失。前胸最大，可活动，中胸缩小；腹部变化大，一般 10 节，第 1 腹节退化，第 2 腹板至第 9 腹板明显。

一、叩甲科 Elateridae

1. 槽缝叩甲 *Agrypnus* sp.

特征：体中型，约 16mm。体黑褐色，密被褐色鳞片状毛。触角黑褐色，触角短，不达前胸基部，第 4 节及以后各节锯齿形。前胸背板后角前内凹明显，中部具 2 个横瘤，鞘翅于端部 1/3 处渐窄，两鞘翅端缘圆突。足及体腹暗红褐色至黑褐色。

分布：山东。

习性：取食花生、甘薯、麦类、棉花、玉米等。

2. 梳爪叩甲 *Melanotus* sp.

特征：体中型，16～18mm。体黑色，密被灰白色细短毛。触角不及前胸基部。前胸背板两侧略呈弧形，背面布明显刻点，后角长，具 1 个清晰纵脊。鞘翅布明显的刻点列，两侧平行，于端部 1/3 处渐窄。

分布：山东。

习性：取食竹子。具趋光性。

3. 莱氏猛叩甲 *Tetrigus lewisi* Candeze, 1873

特征：体长 21～34mm，雌虫大于雄虫。体粗壮，黑褐色，密布黄褐色绒毛。触角基部具狭片状侧支，雄虫较雌虫更长。前胸背板宽稍大于长，后角尖长，指向后方。

分布：北京、陕西、甘肃、河北、河南、山东、上海、江苏、浙江、福建、湖北、湖南、广东、台湾；日本、越南、老挝及朝鲜半岛。

习性：具趋光性。

二、龙虱科 Dytiscidae

黄缘真龙虱 *Cybister bengalensis* Aubé, 1838

特征：体中大型。体黑色，带绿色光泽，呈长椭圆形。鞘翅侧缘黄边基部明显宽于前胸背板侧缘黄边，翅缘黄边至末端逐渐收窄，末端呈明显的钩状。腹面黑色，3～5 腹节中部黑色，两侧具有黄褐色斑。

分布：山东、北京、浙江、福建、广东、海南、云南；日本、越南、老挝、柬埔寨、印度、菲律宾。

习性：生活于水中，捕食水生蝌蚪、蜗牛及小鱼等动物。

三、步甲科 Carabidae

1. 斜条虎甲 *Cylindera (Cylindera) obliquefasciata* (Adams, 1817)

特征：体长 10～11mm。体黑色，具有红、绿色光泽。头部颊区无毛。前胸背板两侧密被白毛，侧板光裸无毛，后胸前侧片毛稀疏，后侧片密被毛。鞘翅斑纹银白色，肩斑小，翅 1/3 处有 1 对白斑，中斑大，向下倾斜，端斑呈月形。

分布：中国北方地区广泛分布。

习性：捕食多种小型昆虫。

2. 星斑虎甲 *Cylindera (Ifasina) kaleea* (Bates, 1866)

特征：体长 8.5～9.5mm。体墨绿色至黑色，具铜红色光泽。复眼大而突出。触角丝状，11 节，触角柄节端具端毛。鞘翅斑纹小，乳白色，每翅的侧面中部和端部各具 1 个斑，中部具 2 个小斑。腹部毛短而稀。腹面黑色具绿色光泽。

分布：福建、山东、江苏、湖南、广东、四川、贵州、云南、西藏。

习性：具捕食性。具趋光性。栖息于河边、土路、空地等。

3. 角胸暗步甲 *Amara goniodera* Tschitscherine, 1895

特征：体长 10.8 ～ 12.2mm，体黑色。头小，宽度约为前胸最大宽度的 1/2。前胸心形，基部密布刻点，中前区布稀疏刻点，后角尖锐或近直角。鞘翅延长，腹部背板侧边密集点刻。雄性生殖器的顶部叶片长且直，尖端略尖且细，产卵管末端略收缩，尖端狭窄圆润。

分布：甘肃、黑龙江、青海、吉林、陕西、内蒙古、河北、山东；朝鲜、韩国、蒙古、俄罗斯。

习性：捕食性。

4. 麻步甲 *Carabus brandti* Harold, 1880

特征：体长 16 ～ 24mm。体黑色或蓝黑色，光泽较弱。头部密布细刻点和皱纹。鞘翅卵圆形，翅面密布大或小的瘤突，逐渐消失于鞘翅末端。前胸背板盘区密布刻点，后缘有 1 列较长的黄色毛。鞘翅卵圆形，密布大小瘤突，并密布微细刻点。体腹面胸腹侧具细刻点，腹节横沟仅中央明显。

分布：河北、北京、山西、山东、陕西、甘肃。

习性：捕食鳞翅目幼虫及蜗牛。

5. 绿步甲 *Carabus smaragdinus* (Fischer, 1823)

特征：体长 30 ～ 35mm。体暗铜色，带绿色至金绿色金属光泽，触角、口器、小盾片、体腹面及足均黑色。前胸背板长宽约相等，密布细刻点和皱纹。小盾片呈宽三角形。鞘翅长卵形，每鞘翅有 6 行完整的椭圆形黑色瘤突，第 7 行黑色瘤突两端不完整，密布不规则小颗粒突，翅缘具 1 列粗大刻点。

分布：北京、河北、河南、山东及东北地区。

习性：捕食多种鳞翅目幼虫。

6. 黄斑青步甲 *Chlaenius micans* (Fabricius, 1792)

特征：体长 15.0～17.5mm。体铜绿色。头顶布小刻点及密横纹。前胸背板宽盾形，胸面密布黄毛、横纹及刻点。鞘翅条沟内具刻点，隐约可见逗点形斑，第 7～8 沟间黄纹不延伸到翅端。胸部腹面刻点粗大，腹板侧区刻点较小，具纵皱和绒毛。

分布：贵州、湖南、湖北、江苏、山东、四川；朝鲜、日本。

习性：捕食鳞翅目幼虫。具远距离迁飞行为。

7. 丽青步甲 *Chlaenius pericallus* Redtenbacher, 1867

特征：体长 10.5～11.5mm。头部蓝绿色，具强光泽，胸部橙黄色，鞘翅除侧缘、末端处略黄色或黄褐色外，其余部分深蓝绿色。每个鞘翅具 9 条沟，其中具刻点。足黄色至黄褐色。

分布：北京、河南、河北、湖北、山东。

习性：具趋光性。

8. 宽重唇步甲 *Diplocheila zeelandica* (Redtenbacher, 1867)

特征：体中大型，较长。体黑色，具光泽。触角基部光洁无毛。前胸背板扁平。鞘翅具宽的条沟，鞘翅第 3 行距有 1 个毛穴。

分布：山东、河北、河南、江苏、安徽、浙江、湖北、江西、湖南、福建、广东、广西、四川、贵州、台湾。

习性：捕食性。

9. 红胸蠋步甲 *Dolichus halensis* Schaller, 1783

特征：体长 15.0～18.8mm。体黑色，无金属光泽，头及前胸背板光。鞘翅无光泽，基中部具1个棕红色长圆斑，该斑形状大小多变，有时消失。口须、触角、足和前胸背板棕黄色。头顶平，光裸无毛，无刻点。前胸背板略呈正方形，前后角均弧圆，盘区光裸无毛及刻点，具横皱褶。

分布：中国广泛分布；俄罗斯、朝鲜、日本及欧洲。

习性：取食鳞翅目幼虫、蛴螬及蝼蛄等。

10. 谷婪步甲 *Harpalus calceatus* (Duftschmid, 1812)

特征：体长 10～15mm。体黑色，具光泽，触角、跗节及前胸边缘略红色。头部刻点少。触角从第3节开始具毛。上唇横向突出，前缘两侧各有3根长刺毛。下颚长且尖锐。前胸中间部分两侧较直，后角略钝。鞘翅上具较深的纵沟9条。

分布：北、东至中国边境线，南至福建、江西、四川，西达新疆。

习性：取食玉米、高粱、粟、黍、花生等。

11. 大卫婪步甲 *Harpalus davidi* (Tschitscherine, 1897)

特征：体长 12.0～13.5mm。体亮黑色，有时头部及前胸背板略带棕色，足腿节和胫节黑色，跗节棕黑色，触角棕黄色。前胸背板横宽，后角钝圆，基凹浅，基区刻点粗密。翅无毛被，行距隆。后腿节后缘具4根长刚毛，基部附近具4～5根短刚毛，前足胫节距简单，不分叉。

分布：陕西、河北、山西、山东、河南、甘肃、江苏、安徽、浙江、湖北、四川；朝鲜、日本。

习性：多食性。

12. 毛娄步甲 *Harpalus griseus* (Panzer, 1796)

特征： 体长 11 ～ 13mm。体棕黑色，触角、口须和足黄色，无金属光泽。头光洁无毛、无刻点。前胸背板方形，表面隆起，盘区光洁无刻点，基区及侧沟密布刻点。鞘翅密布刻点和毛，缝角圆，刺突无。腹部 3 ～ 5 节密被细绒毛。后腿节后缘有 4 根长刚毛和少量短刚毛，跗节表面有密绒毛。

分布： 中国广泛分布；蒙古、俄罗斯、朝鲜、日本及东南亚、欧洲。

习性： 取食谷子、玉米种子及禾本科植物的种子，也捕食其他昆虫的幼虫。

13. 黄鞘娄步甲 *Harpalus pallidipennis* Morawitz, 1862

特征： 体长 8.5 ～ 9.5mm。体大部棕黑色，鞘翅具不规则棕黄色云状斑纹。触角第 3 节开始被绒毛。前胸横宽，光洁无毛，具网格状微纹，后角直，角端钝圆。翅行距平，条沟浅，沟内无刻点，翅近端明显的凹。足跗节光洁无毛，前足胫节距简单。

分布： 陕西、河北、山东、甘肃、福建、广西、四川、西藏；蒙古、俄罗斯、朝鲜。

习性： 捕食蝇类、食粪金龟类幼虫，取食植物幼芽。

14. 凹翅宽颚步甲 *Parena cavipennis* (Bates, 1873)

特征： 体长 8.8 ～ 10.5mm。体背黄色至棕色，腹面棕黄色。头眼大且突。前胸背板宽方形，后角宽钝。鞘翅第 3 ～ 5 行距中部翅凹明显，鞘翅侧缘于基部 1/3 处凹，翅端平截明显，外角不明显。

分布： 陕西、河北、山东、河南、甘肃、浙江、湖北、江西、湖南、福建、贵州、台湾；日本、印度尼西亚。

习性： 捕食多种鳞翅目幼虫。

15. 狭胸步甲 *Stenolophus* sp.

特征：体小型。体黑色。额沟长，伸达复眼内缘，唇基前缘具2根刚毛，复眼突出，内侧具1对刚毛。前胸背板横宽，后角圆。鞘翅长方形，小盾片具条沟，后翅膜质，完整。后足腿节近后缘有2根刚毛，跗节背面无毛。

分布：山东。

习性：成虫具趋光性。

四、葬甲科　Silphidae

滨尸葬甲 *Necrodes littoralis* (Linnaeus, 1758)

特征：体长17～35mm。体黑色或红棕色，触角末端3节红色，其余部分黑色。头近三角形，复眼大。上唇除前缘具黄毛外，其余部分光洁无毛。前胸背板均匀分布细且密的刻点，近乎光滑，小盾片大，鞘翅黑色，刻点强烈，具6条强的肋，鞘翅末端平截。

分布：山东、陕西、黑龙江、吉林、辽宁、北京、天津、河北、甘肃、青海、新疆、安徽、浙江、湖北、江西、湖南、福建、广东、广西、四川、贵州、云南、西藏。

习性：腐食性。

五、隐翅虫科　Staphylinidae

梭毒隐翅虫 *Paederus fuscipes* Curtis, 1826

特征：体长6.5～7.5mm。头、中胸及最后2腹节黑色，前胸、后胸及前4节腹节黄色。触角鞭状11节，前3节褐黄色，其余色较深。中胸长方形，宽于前胸背板。鞘翅青蓝色至蓝黑色带金属光泽，具刻点，膜翅可覆盖腹部末端。足褐黄色。腹部第1腹板具脊，腹部末端2根尾刺。

分布：中国广泛分布；世界广泛分布（除南极洲以外）。

习性：捕食黏虫、飞虱、叶蝉、蚜虫、红蜘蛛等。

六、红金龟科 Ochodaeidae

红金龟 Ochodaeidae sp.

　　特征：体中小型，圆且厚。体红褐色，密被黄色长毛。具挖掘足，中足胫节末端具2根距，内侧的1根具有1排锯状棘。

　　分布：山东。

　　习性：成虫具趋光性。

七、斑金龟科 Trichiidae

短毛斑金龟 *Lasiotrichius succinctus* Pallas, 1781

　　特征：体长9～12mm。体长椭圆形、黑色，全体密被淡黄色、棕褐色至黑褐色的绒毛。触角10节，鳃片部3节。前胸背板长，被密长毛，后缘向后斜弧形后扩。鞘翅具宽条淡黄褐色斑纹，肩突、端突发达，密被绒毛。前臀大部外露，密被淡灰白短齐绒毛，呈一横带，臀板三角形，密被深褐色绒毛。

　　分布：陕西、甘肃、山东。

　　习性：成虫具访花习性。

八、金龟科 Scarabaeidae

1. 神农洁蜣螂 *Catharsius molossus* (Linnaeus, 1758)

特征：体长 23 ～ 40mm。体漆黑色，圆隆厚实。头宽大，两侧圆钝。胸下有长毛。前足胫节外缘 3 个齿，腹面有 3 道斜生具毛脊纹。中足、后足胫节端部扩大呈喇叭形。雌雄异型，雄性具头角，前胸背板高隆，具明显角状突；雌性无头角，额部具 1 条隆脊线。

分布：中国、泰国、越南、印度尼西亚，新加坡、印度。

习性：掘洞。

2. 铜绿异丽金龟 *Anomala corpulenta* Motschulsky, 1854

特征：体长 15.5 ～ 20.0mm。头、前胸背板色较深呈铜绿色，两侧具淡褐色条斑，鞘翅色淡具薄古铜色金属光泽。唇基梯形。触角 9 节。前胸背板后侧角钝角形，前缘边框有显著角质饰边，后缘边框中断，表面散布浅细刻点。小盾片近半圆形。鞘翅刻点行略凹，散布粗且密的刻点。臀板具细密横刻纹。

分布：陕西、黑龙江、吉林、辽宁、内蒙古、河北、山西、山东、河南、宁夏、甘肃、江苏、上海、安徽、浙江、湖北、江西、湖南、福建、四川、贵州、西藏；蒙古、朝鲜、韩国。

习性：成虫取食林木、果树、花生、向日葵及豆类的叶子；幼虫取食玉米、高粱、花生、茶树及薯类等的地下根茎。

3. 日本阿鳃金龟 *Apogonia niponica* Lewis, 1895

特征：体长 7 ～ 8mm，卵圆形。体亮黑色、黑褐色或栗褐色。头宽大，唇基横条短小，密布刻点。触角 10 节，鳃片部 3 节，短小。前胸背板短且宽，密布刻点。小盾片三角形，布有刻点。鞘翅具 4 条明显纵肋。臀板短小，布粗大毛刻点。前足胫端 3 个齿，爪短壮。

分布：黑龙江、吉林、辽宁、河北、山东、河南、山西、陕西、甘肃、贵州、湖北；朝鲜半岛。

习性：取食大豆、高粱等。

4. 华北大黑鳃金龟 *Holotrichia oblita* (Faldermann, 1835)

特征：体长 17.0～21.8mm。体黑褐色至黑色，具强光泽。唇基短阔，前缘、侧缘向上弯翘，前缘中凹显。触角 10 节。前胸背板密布粗大刻点，小盾片近半圆形，胸下密被柔长黄毛。鞘翅密布刻点，纵肋可见。臀板下部剧烈向后隆凸，末端圆。前足胫节外缘 3 个齿，后足跗节第 1 节略短于第 2 节。

分布：陕西、黑龙江、北京、河北、山东、河南、甘肃、江苏、安徽、四川；俄罗斯、韩国、日本。

习性：成虫取食苹果、杏、杨、柳、槐等的嫩叶。

5. 暗黑鳃金龟 *Holotrichia parallela* (Motschulsky, 1854)

特征：体长 16.0～21.9mm。体色多变，通常黑褐色、沥黑色，有时黄褐色至栗褐色，被淡蓝灰色粉状闪光薄层，光泽较暗淡。触角 10 节，鳃片部 3 节，甚小。前胸背板密布深且大的椭圆刻点，小盾片短且宽，近半圆形。鞘翅散布刻点，具 4 条清晰纵肋，臀板稍隆起，布深且大的刻点。胸下密被绒毛。

分布：陕西、黑龙江、山东、河南、甘肃、上海、安徽、四川；俄罗斯、朝鲜、韩国、日本及东洋界。

习性：取食杨、柳、槐、桑、蒙古栎、梨、苹果、花生、红薯、大豆、小麦秋苗等。

6. 阔胫玛绢金龟 *Maladera (Cephaloserica) verticals* (Fairmaire, 1888)

特征：体长 6 ～ 9mm。体长卵圆形，体浅棕色或棕红色，具丝绒般光泽。头阔大，唇基近梯形。触角 10 节，鳃片部 3 节。前胸背板短且宽，侧缘后段直，后缘无边框。小盾片长三角形。鞘翅具清晰的刻点沟，沟间带弧隆，后侧缘有较显折角。前足胫节外缘具有 2 齿，后足胫节扁阔，表面光滑几乎无刻点。

分布：陕西、黑龙江、吉林、辽宁、北京、河北、山西、山东、河南、甘肃、浙江、湖北、福建、广东、四川、贵州、云南；蒙古、朝鲜、韩国。

习性：取食榆、柳、杨、梨、苹果等。

7. 东方绢金龟 *Maladera (Omaladera) orientalis* (Motschulsky, 1858)

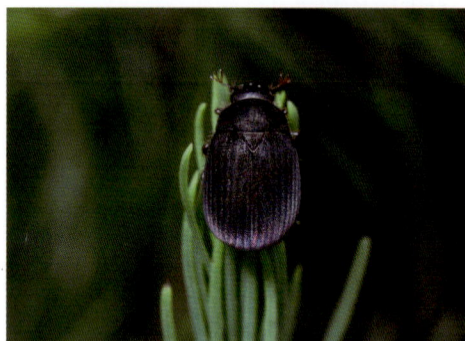

特征：体长 6 ～ 9mm。体近卵圆形，黑褐色或棕褐色，有时淡褐色，具微弱丝绒般蓝紫色闪光。头大，唇基油亮。触角 9 节，鳃片部 3 节，雄性触角鳃片部长大。鞘翅有具条刻点沟，沟间带微隆，散布刻点。胸部腹板密被绒毛。前足胫节外缘具 2 齿，后足胫节窄且厚，胫端 2 端距着生于跗节两侧。

分布：陕西、吉林、辽宁、内蒙古、北京、河北、陕西、山东、宁夏、甘肃、江苏、上海、安徽、浙江、湖北、湖南、福建、广东、海南、台湾；蒙古、俄罗斯、朝鲜、日本。

习性：成虫取食榆、杨及柳的叶片，幼虫以腐殖质和嫩根为食。

8. 小青花金龟 *Gametis jucunda* (Faldermann, 1835)

特征：体长 12.6 ～ 13.9mm。体绿色、棕色、铜褐色或黑色。唇基狭长，密被刻点和皱纹。前胸背板近梯形，密被刻点和浅黄色绒毛，盘区靠近侧缘各具 1 对白色小绒斑。鞘翅近端部及侧缘具有不规则的白色小绒斑。前足胫节外缘具 3 个齿，各足腿节和胫节内缘具 1 排黄色密绒毛，中、后足胫节外侧各具 1 个隆突。

分布：中国广泛分布（除新疆外）；日本、朝鲜、俄罗斯、蒙古、印度、孟加拉国、尼泊尔及北美洲。

习性：取食山楂、苹果、梨、杏、桃、葡萄、柑橘、栗等。

9. 无斑弧丽金龟 *Popillia mutanus* Newman, 1838

特征: 体长9～14mm。体蓝黑色、蓝色、墨绿色、暗红色或红褐色，具金属光泽。唇基近半圆形。前胸背板甚隆拱，中部光滑无刻点，后角宽圆，背板后缘中部弧形弯曲。鞘翅背面具6条粗刻点行。臀板密布粗的横刻纹。足粗壮，中、后足胫节强烈的纺锤形。

分布: 陕西、吉林、辽宁、内蒙古、北京、河北、山西、山东、河南、宁夏、甘肃、江苏、安徽、浙江、湖北、江西、湖南、福建、广东、海南、广西、四川、贵州、云南、台湾；俄罗斯、朝鲜。

习性: 取食棉花、玉米、高粱、大豆、月季、黑梅、玫瑰、芍药、合欢、板栗、苹果、猕猴桃等。

10. 饥星花金龟 *Protaetia (Netocia) famelica* (Janson, 1879)

特征: 体长16.1～16.7mm。体暗褐色或绿色，体表具金属光泽。唇基较短，密被粗刻点。前胸背板近梯形，侧缘具粗皱纹。前胸背板侧缘具窄边框。小盾片三角形。鞘翅密布粗刻点和白色绒斑，中央具2条对称的白绒纵斑，侧缘具1对小白绒斑。前足胫节具3个齿，中、后足胫节外侧各具1个隆突。

分布: 陕西、黑龙江、吉林、辽宁、北京、河北、山西、山东、河南、青海、江苏、浙江、湖北、广西、四川。

习性: 常见于低海拔地区。

11. 小黄鳃金龟 *Pseudosymmachia flavescens* (Brenske, 1892)

特征: 体长11.0～13.6mm。体浅黄褐色，头部深黄褐色，胸部黄褐色，全体被密的短毛。唇基密布大的具毛刻点。触角9节，鳃片部3节。前胸背板密布具毛刻点。小盾片三角形。鞘翅仅第1条纵肋清晰可见。胸下密被绒毛。前足胫节外缘具3个齿，跗节爪端部呈两叶状。

分布: 山东、陕西、北京、河北、山西、河南、甘肃、江苏、浙江；亚洲中部。

习性: 取食苹果、梨、丁香、花生、大豆、玉米等苗木、农作物及杂草。

12. 日铜罗花金龟 *Pseudotorynorrhina japonica* (Hope, 1841)

特征：体长 19.3～25.1mm。体绿色、橄榄色或棕褐色，具明显光泽。头部密被刻点，唇基宽大，前缘横直且具边框，尖角圆钝，侧缘具边框。触角 10 节，柄节膨大。前胸背板近梯形。小盾片三角形。鞘翅密布小刻点。臀板三角形，末端微微圆隆，端部外缘具 1 条黄色长绒毛排。腹部侧缘具刻点及黄色长绒毛。

分布：山东、陕西、江苏、浙江、湖北、江西、福建、四川。

习性：取食板栗。

九、 皮蠹科 Dermestidae

1. 螵蛸皮蠹 *Thaumaglossa rufocapillata* Redtenbacher, 1867

特征：体长 3.0～4.5mm。体黑色，密被黄褐色短毛。触角褐色，11 节，雄性触角呈棒状长三角形，雌性触角呈圆形。前胸背板被黄褐色毛斑，两侧被灰白色毛。鞘翅具 3 条灰白色横带。

分布：北京、新疆、辽宁、河南、山东、江苏、安徽、浙江、江西、湖北、香港、广西、海南、四川、云南、台湾；日本、朝鲜及东南亚、南亚、欧洲、非洲。

习性：常见于仓库、有博物馆标本的环境中。

2. 小圆皮蠹 *Anthrenus verbasci* (Linnaeus, 1767)

特征：体长 1.7～3.8mm。触角短棒状，11 节。前胸背板后缘中央及两侧具白色鳞斑，其余暗褐色至锈色。鞘翅横列 3 条锈色杂白色鳞片的不规则波带。腹面被有白色至黄白色鳞片。

分布：黑龙江、辽宁、内蒙古、河北、河南、甘肃、陕西、宁夏、青海、新疆、四川、贵州、云南、湖北、湖南、山东、广东、江苏、安徽、江西、浙江；世界广泛分布于温带地区。

习性：取食谷物、药材、动植物标本、丝毛织品、皮毛制品等。

十、郭公虫科 Cleridae

中华食蜂郭公虫 *Trichodes sinae* Chevrolat, 1874

　　特征：体长9～18mm。全体深蓝色且具光泽，密被软长毛。头宽短黑色，前胸深蓝黑色。复眼大，赤褐色。鞘翅上横带红色至黄色，各鞘翅基部具1个不明显的半圆形黑色小斑，鞘翅基部1/3、端部1/3及最末端各具1条黑色横纹，有时形成不连续的左右黑斑。

　　分布：北京、陕西、宁夏、甘肃、青海、新疆、内蒙古、黑龙江、吉林、辽宁、河北、山西、河南、山东、上海、江苏、浙江、江西、福建、湖北、湖南、广东、广西、四川、重庆、贵州、云南、西藏；朝鲜、俄罗斯、蒙古。

　　习性：取食胡萝卜、萝卜、苦豆、蚕豆、枸杞、甜菜、葱及十字花科蔬菜等。

十一、露尾甲科 Silphidae

1. 四斑露尾甲 *Librodor japonicus* (Motschulsky, 1857)

　　特征：体长7.5～13.5mm。体黑色，扁状。触角棒状，红棕色。前胸背板横且宽，鞘翅露出，有时盖住腹末，基节左右隔离。跗节红棕色，共5节，有时3或4节，第1～3节膨大，腹面具毛。雄性上颚发达，不对称；雌性上颚较小，对称。

　　分布：浙江、江苏、安徽、上海、湖北、云南、四川及东北、华北；日本、韩国。

　　习性：成虫吸食树液。

2. 扁露尾甲 *Soronia* sp.

特征：体小型。体红褐色至黑褐色。触角红褐色。前胸背板两侧缘红褐色。鞘翅红褐色，具褐色至黄褐色斑纹，翅端 2/5 处常具黄褐色大斑纹。足棕色，后足胫节粗大。

分布：山东。

习性：大多取食树液与果汁。

十二、瓢虫科 Coccinellidae

1. 七星瓢虫 *Coccinella septempunctata* Linnaeus, 1758

特征：体长 5～7mm。体卵圆形。口器黑色，唇基白色。前胸背板前上角各具 1 个较大的方形白斑。小盾片黑色。前胸背板黑色，鞘翅红色或橙红色，翅基部在小盾片两侧各有 1 个近三角形白斑，两鞘翅上共具 7 个黑斑，其中包括小盾片下方鞘缝的圆形小盾斑，每鞘翅上各具 3 个黑斑。

分布：山东、陕西、黑龙江、吉林、北京、河北、河南、新疆、福建、广东、海南、广西、四川、贵州、云南、台湾；蒙古、俄罗斯、朝鲜、日本、印度及欧洲。

习性：捕食大豆蚜、棉蚜、玉米蚜等。具远距离迁飞行为。

2. 异色瓢虫 *Harmonia axyridis* (Pallas, 1773)

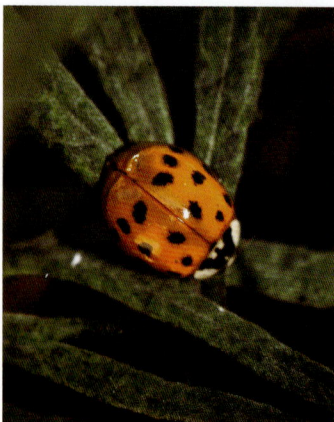

特征：体长 5～8mm。体卵圆形。头顶及唇基白色，前胸背板浅色，通常具"M"形黑斑，斑形多变。体色多变，鞘翅黄色至黑色，浅色型每个鞘翅最多具 9 个黑斑及 1 个盾斑，或全部消失，深色型每个鞘翅具有 2～4 个红斑。鞘翅末端处具 1 条明显的横脊痕。

分布：中国广泛分布（除广东南部及香港外）；日本、俄罗斯、越南、法国、希腊、美国及朝鲜半岛。

习性：捕食多种蚜虫、介壳虫、木虱等。具远距离迁飞行为。

3. 马铃薯瓢虫 *Henosepilachna vigintioctomaculata* Motschulsky, 1857

特征：体长 7 ~ 8mm。体赤褐色，背密生黄灰色短毛。前胸背板上有 7 个黑斑，中央 3 个斑相连成黑斑，两侧 2 斑分别相连呈黑斑，有些个体前胸背板黑色，仅留浅色的前缘及外缘。鞘翅上有 6 个基斑及 8 个变斑，鞘翅斑纹较大且通常相连，阳脊中叶侧面内侧中间有 1 排小齿，大部分被黄灰色毛。

分布：陕西、黑龙江、吉林、辽宁、河北、山西、山东、河南、甘肃、江苏、浙江、湖北、广西、四川、贵州、云南、西藏；俄罗斯、朝鲜、日本。

习性：取食葫芦科、茄科植物等。

4. 多异瓢虫 *Hippodamia variegata* (Goeze, 1777)

特征：体长 4.0 ~ 4.7mm。前胸背板黄白色，基部具黑色横带，黑带有时愈合成 2 个"口"字形斑，有时黑斑扩大至仅剩 2 个白色小圆点。鞘翅黄褐色至红褐色，基缘各具 1 个边缘模糊的黄白色横长斑，鞘翅背面共具 13 个黑斑，每鞘翅各具 6 个黑斑，黑斑多变，有时相连或消失。

分布：吉林、辽宁、新疆、内蒙古、陕西、甘肃、宁夏、北京、河北、河南、山东、山西、四川、福建、云南、西藏；印度及非洲、拉丁美洲。

习性：捕食性。具远距离迁飞行为。

5. 龟纹瓢虫 *Propylaea japonica* (Thunberg, 1781)

特征：体长 3.5 ~ 4.7mm。前胸背板前部黄白色，中央具 1 个大的黑斑，其基部与后缘相连，有时扩展至仅留黄白色的前缘及后缘，小盾片黑色。鞘翅的肩胛上具 1 个斜长斑，中部具 1 个斜方斑与鞘缝的 2/3 处伸出的黑色部分相连接，鞘翅黑斑变异大，呈鼎状斑纹、锚状等。

分布：中国广泛分布；日本、俄罗斯、朝鲜、越南、不丹、印度。

习性：捕食大豆蚜、棉蚜、桃蚜、叶螨、棉铃虫卵等。具远距离迁飞行为。

十三、花蚤科 Mordellidae

1. 花蚤 *Mordellina* sp.

特征：体小型。体黄褐色至黑褐色。复眼大，明显分开，没有中线。前胸背板侧面尖锐，中胸盾片具"V"形盾间缝。鞘翅密被刚毛。尾部楔形且有臀锥，末端尖锐。前足及中足胫节的端距很短，前足第2、3跗节结构简单，无裂片，后足胫节着生1～2枚端距。

分布：山东。

习性：常栖息于伞形花科植物花朵中。

2. 姬花蚤 *Mordellistena* sp.

特征：体黑色，密被褐色短毛，具金色光泽。触角大部黑色，基部几节色稍浅，基部4节明显短于第5节，5～10节锯齿状，下颚须内缘长度大于端缘。前胸背板宽大于长，侧缘弧状，后侧角圆钝，前、中足倒数第2跗节具缺刻，胫节基部2条侧脊倾斜。臀锥细且长，末端尖锐。

分布：山东。

习性：该属有些种类钻蛀向日葵茎秆。

十四、大花蚤科 Ripiphoridae

纤细凸顶大花蚤 *Macrosiagon pusilla* (Gerstaecker, 1855)

特征：体大型，狭长。体黑色。头具有简单、圆形的后头部，触角栉状。前胸盾片的中央叶平滑。足细长，跗节式5-5-4。

分布：山东、福建、广东、河北、湖南、四川、西藏、云南；日本、俄罗斯、越南、老挝、印度尼西亚、泰国、尼泊尔、印度、马来西亚及朝鲜半岛。

习性：寄生性。

十五、拟步甲科 **Tenebrionidae**

1. 乌苏里朽木甲 *Allecula (Allecula) ussuriensis* Borchmann, 1937

特征：体长约8mm。体小而细窄，体红褐色至黑褐色，头部具光泽，后部黑褐色，前部暗红褐色，前额淡褐色，具密集的小刻点。触角细长，第4～10节触角稍呈锯齿状。前胸背板基部最宽，侧缘在后半部平行，背面具小而浅的刻点。鞘翅背面具密集点刻，被短的赭黄色毛。

分布：中国北部地区；朝鲜、俄罗斯、韩国。

习性：常见于6、7月。

2. 瘦直扁足甲 *Blindus strigosus* (Faldermann, 1835)

特征：体长7.0～9.8mm。体扁平，长椭圆卵形。体黑色，具光泽，口须、触角端部及跗节棕红色。头部布均匀小刻点。前胸两侧圆弧形，后角略尖。鞘翅具明显刻点行，刻点大。雄性前、中足胫节自基部至端部明显变宽，呈"S"形弯曲，前足跗节基部3节宽扁，腹面被海绵状毛，后足腿节下部弯曲，密被黄色刷状毛。

分布：山东、陕西、辽宁、内蒙古、北京、河北；俄罗斯及朝鲜半岛。

习性：幼虫土栖。

3. 朝鲜栉甲 *Cteniopinus (Cteniopinus) koreanus koreanus* Seidlitz, 1896

特征：体长12～13mm。体大部黄褐色，头部、触角基上颚黑色。上唇近横，上颚发达，上唇前缘微凹且具短毛，盘区刻点散布。鞘翅可完全覆盖其腹部，鞘翅由基部向端部渐宽，刻点行整齐，布细小刻点及黑毛。足细长，腿节粗壮，各足腿节黄色，其余部分黑褐色至黑色，被细黑毛。

分布：中国；朝鲜。

习性：常见于荆条、大叶黄杨等植物上。

4. 东方小垫甲 *Luprops orientalis* (Motschulsky, 1868)

特征：体长 8.0～10.5mm。体卵圆形，扁状，黑棕色。触角和口器红棕色，被极短的毛。触角短，向后略超过鞘翅肩部。前胸背板向后渐窄，鞘翅刻点行不明显，具微弱光泽，有稀疏刻点。足红棕色，前、中足跗节 1～3 节加宽。

分布：山东、陕西、黑龙江、吉林、辽宁、内蒙古、河北、山西、河南、甘肃、宁夏、江苏、浙江、湖北、江西、福建、海南、四川、台湾；蒙古、日本及朝鲜半岛、东洋界。

习性：取食朽木。

5. 类沙土甲 *Opatrum (Opatrum) subaratum* Faldermann, 1835

特征：体长 6.5～9.0mm。体黑褐色，略带锈红色，无光泽。前胸背板宽大于长，前缘深凹，中央宽直，两侧具饰边，侧缘前部强圆收缩，基部中央突出，两侧略凹，自两侧至中间无饰边。鞘翅具有不明显刻点行，每行间具 5～8 个瘤突，各行间布细小颗粒。前足胫节端部外侧仅具 1 个齿。

分布：陕西、黑龙江、吉林、辽宁、内蒙古、河北、山西、山东、河南、宁夏、甘肃、青海、安徽、湖北、江西、湖南、广西、四川、贵州、台湾；蒙古、俄罗斯、日本及朝鲜半岛。

习性：成虫假死特性强。

6. 黄粉虫 *Tenebrio molitor* Linnaeus, 1758

特征：体长 12.0～17.5mm。体黑褐色，具光泽，呈椭圆形。前胸背板宽明显大于长，被均匀刻点。小盾片五角形。鞘翅具明显纵行条，后翅退化。腹面淡黄色。

分布：北京、陕西、甘肃、内蒙古、黑龙江、吉林、辽宁、河北、山西、河南、山东、江苏、江西、福建、广东、海南、四川、贵州、香港、台湾；世界广泛分布。

习性：喜黑暗环境，具群居性。

十六、拟天牛科 Oedemeridae

黄纳拟天牛 *Nacerdes (Xanthochroa)* sp.

特征：体中小型。触角及头部暗黄色，鞘翅深褐色，足浅黄褐色。眼肾形，浅凹陷。触角 11 节，雄性第 11 节完全分开，成为伪 12 节。足细长，前足胫节具 1 个端距，爪简单。鞘翅正常，不变短。肛板超过末节腹板，第 8 腹板突可见。

分布：山东。

习性：幼虫栖息于腐木中。

十七、天牛科 Cerambycidae

1. 中华裸角天牛 *Aegosoma sinicum sinicum* White, 1853

特征：体长 30 ～ 55mm。体赤褐色至暗褐色。雄性触角较雌性更粗长，雄性触角长度与体长相等或稍微超过，第 1 ～ 5 节极粗糙，具刺状粒，雌性触角长度约至鞘翅后半部，稍微粗糙。前胸背板被灰黄短毛，表面密布刻点，前胸背板呈梯形，自前端至基部逐渐宽阔。鞘翅有 2 ～ 3 条细的纵脊。

分布：陕西、黑龙江、吉林、辽宁、内蒙古、北京、天津、河北、山西、山东、河南、甘肃、江苏、上海、安徽、浙江、湖北、江西、湖南、福建、台湾、海南、广西、四川、贵州、云南、台湾；俄罗斯、朝鲜、韩国、日本、越南、老挝、泰国、缅甸。

习性：取食苹果、枣、杨、柳、桑、榆、野桐、杨、栋、栗、白蜡、云杉及冷杉等。

2. 华星天牛 *Anoplophora chinensis* (Forster, 1771)

特征：体长 19 ~ 39mm。体黑色，略带金属光泽，头部及体腹面被银灰色至蓝灰色毛。触角第 3 节至第 11 节基部具长短不一的淡蓝白色毛环。前胸背板侧刺突粗壮，小盾片具不明显灰色至蓝白色毛。每个鞘翅上约有 20 个不规则小型白色毛斑，不整齐排列成 5 行，鞘翅基部密布大小不等的颗粒。

分布：陕西、吉林、辽宁、北京、河北、山西、山东、河南、甘肃、江苏、安徽、浙江、湖北、江西、湖南、福建、广东、海南、广西、四川、贵州、云南、香港、台湾；朝鲜、韩国、日本、缅甸、阿富汗及欧洲。

习性：取食柑橘、苹果、梨、无花果、樱桃、枇杷、花红、柳、白杨、桑、苦楝、柳豆、树豆、刺槐、榆及悬铃木等。

3. 皱胸粒肩天牛 *Apriona rugicollis* Chevrolat, 1852

特征：体长 31 ~ 47mm。体黑色，全体密被棕黄色至青棕色绒毛，腹面棕黄色至青棕色，触角自第 3 节起每节基部约 1/3 为灰白色。鞘翅基部至鞘翅 1/3 处密布大小不一的黑色光亮的瘤状颗粒，鞘翅肩角略突，无肩刺，翅端内、外端角刺状突出。

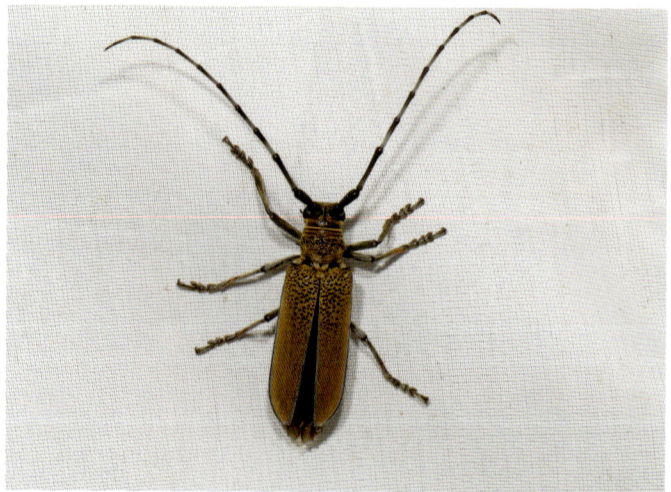

分布：陕西、辽宁、北京、河北、山西、山东、河南、甘肃、青海、江苏、上海、安徽、浙江、湖北、江西、湖南、福建、广东、海南、广西、四川、贵州、云南、西藏、香港、台湾；俄罗斯、朝鲜、韩国、日本。

习性：取食构树。

4. 梗天牛 *Arhopalus rusticus* (Linnaeus, 1758)

特征：体长 25～30mm。体褐色或红褐色。触角粗壮，雄性触角约达体长的 3/4 处，雌性约达体长的 1/2 处。前胸背板宽大于长，背面密布刻点，背板中央两侧各具 1 个肾形的长凹陷。每个鞘翅具 2 条纵脊，刻点自基部至端部逐渐由粗大变微弱，鞘翅后缘呈圆形。

分布：陕西、黑龙江、吉林、辽宁、内蒙古、北京、天津、河北、山西、山东、河南、宁夏、甘肃、浙江、湖北、江西、福建、海南、四川、贵州、云南；蒙古、俄罗斯、朝鲜、韩国、日本、塔吉克斯坦、哈萨克斯坦及欧洲、北美洲、大洋洲、非洲北部。

习性：取食日本赤松、柳杉、日本扁柏、桧、冷杉、柏属及樟子松等。

5. 桃红颈天牛 *Aromia bungi* (Faldermann, 1835)

特征：体长 24～40mm。体亮黑色，胸部棕红色，具光泽。头黑色，触角黑蓝紫色，雄性触角长于身体长，雌性约等长于身体。触角基部两侧各具 1 个叶状突起。前胸具不明显的粗糙点，侧刺突明显。前胸背面具 4 个带光泽的瘤突。雄性前胸腹面密布刻点，雌性前胸腹面无刻点，但密布横皱。足黑蓝紫色。

分布：陕西、黑龙江、吉林、辽宁、内蒙古、北京、天津、河北、山西、山东、河南、甘肃、青海、宁夏、江苏、上海、安徽、浙江、湖北、湖南、福建、广东、海南、广西、重庆、四川、贵州、云南、香港、台湾；蒙古、朝鲜、韩国。

习性：取食桃、杏、樱桃、郁李、梅、苇樱、清水樱及柳。

6. 华蜡天牛 *Ceresium sinicum* White, 1855

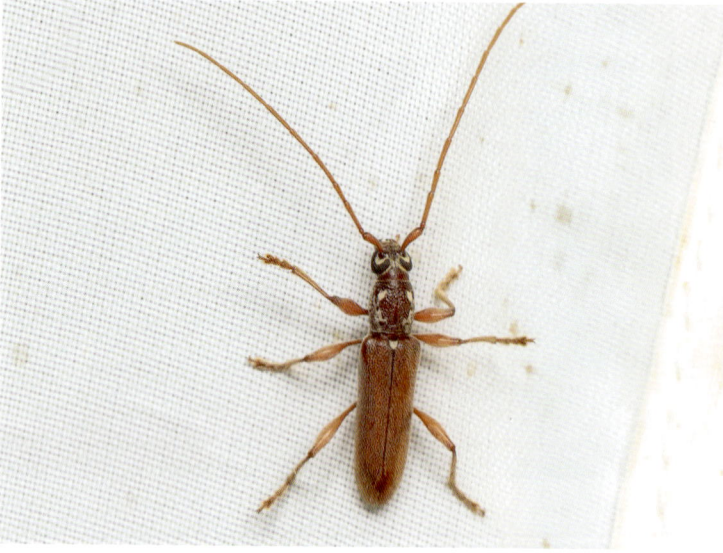

特征：体长 9.0～13.5mm。体黄褐色至黑褐色，体密被黄色绒毛。触角长度大于或等于体长，第 1 节略呈圆筒形。前胸狭长，布粗大刻点，两侧绒毛略密于中央绒毛，两侧缘弧形。小盾片末端圆。鞘翅刻点自基部至端部逐渐由深变微小，外缘末端圆。中胸侧片，腹板绒毛中间密两侧疏。

分布：陕西、北京、河北、山东、河南、山西、江苏、安徽、浙江、湖北、江西、湖南、福建、广东、海南、广西、重庆、四川、贵州、云南、西藏、台湾；日本、泰国。

习性：取食桑、柑橘。

7. 槐绿虎天牛 *Chlorophorus diadema* (Motschulsky, 1854)

特征：体长 8～12mm。体棕褐色，被灰黄色绒毛。触角长达鞘翅 1/2 处。前胸背板长略大于宽，侧缘弧形，密布粒状刻点。鞘翅基部被少量黄色绒毛，肩部前后有 2 个黄绒毛斑，沿小盾片内缘具 1 个外弯的斜条黄绒毛斑，中央向下部分和末端各具 1 个横条黄绒毛斑，后缘逐渐收窄，外缘角较明显。

分布：陕西、黑龙江、吉林、内蒙古、北京、河北、山西、山东、河南、甘肃、江苏、安徽、浙江、湖北、江西、湖南、福建、广东、广西、四川、贵州、云南；蒙古、俄罗斯、朝鲜、韩国。

习性：取食四合木、杨、刺槐、槐、樱桃、桦、枣、柳等枝干。

8. 黑腹筒天牛 *Oberea nigriventris* Bates, 1873

特征：体长 12～18mm。体被稀的金黄色绒毛，头部、前胸背板橙黄色，小盾片及鞘翅基部橙黄色，鞘翅剩下部分深棕色至深黑色。触角黑色，雌性触角略长于体长，雄性触角超出体长 1/4。前胸背板长大于宽，被稀疏刻点。鞘翅具 6 列较粗大的刻点，末端斜切，内、外端角呈尖锐刺状。

分布：陕西、辽宁、内蒙古、北京、河北、山东、河南、江苏、安徽、浙江、湖北、江西、湖南、福建、广东、海南、广西、四川、贵州、云南、台湾；韩国、日本、越南、老挝、缅甸、印度、尼泊尔。

习性：取食沙裂虫。

9. 松墨天牛 *Monochamus alternatus* Hope, 1842

特征：体长 15～28mm。体橙黄色至赤褐色，触角红棕色，雄性第 1、2 节全部和第 3 节基部及雌性除末端 2、3 节外的其余各节均被较疏的灰白色毛。前胸背板具 2 条橙黄色较宽条纹与 3 条黑色细纵纹相间，前胸侧具圆锥形大刺突。鞘翅具黑色至灰白色的绒毛方至长方形斑纹，每一鞘翅具 5 条纵纹。

分布：陕西、北京、河北、山东、河南、江苏、安徽、浙江、湖北、江西、湖南、福建、广东、香港、广西、四川、贵州、云南、西藏、台湾；韩国、日本、老挝。

习性：取食马尾松、冷杉、云杉、鸡眼藤、雪松、落叶松等。

10. 家茸天牛 *Trichoferus campestris* (Faldermann, 1835)

特征：体长 9～22mm。体棕褐色至黑褐色，被褐灰色绒毛。头短，密被粗刻点，雄性额中央具 1 条细纵沟，雌性无纵沟。雄性触角长于雌性。前胸背板宽略大于长，密被粗刻点，雄性各粗刻点之间着生细刻点，雌性无。鞘翅肩部密被淡黄毛，后端外缘圆形，刻点自基部至端部刻点逐渐由强变弱。

分布：陕西、黑龙江、吉林、辽宁、内蒙古、北京、河北、山西、山东、河南、甘肃、青海、新疆、江苏、安徽、浙江、湖北、湖南、四川、贵州、云南；蒙古、俄罗斯、韩国、日本及亚洲中部地区、欧洲。

习性：取食刺槐、油松、枣、丁香、杨、柳、黄芪、苹果、柚、桦木、云杉。

11. 双条天牛 *Xystrocera globosa* (Olivier, 1795)

特征：体长 13～35mm。体呈红棕色至棕黄色，前胸背板具 3 条狭纵条，左右各有 1 个较宽的纵条，均呈金属蓝色或绿色。每个鞘翅中央具有 1 个斜向肩部的纵条，纵条和鞘翅边缘均为黑色带蓝色或绿色金属光泽，每鞘翅背方具 2 条隆起的纵纹，侧方具 1 条隆起的纵纹。

分布：陕西、河北、山东、河南、甘肃、江苏、上海、安徽、浙江、湖北、江西、湖南、福建、广东、海南、广西、四川、贵州、云南、台湾；朝鲜、韩国、日本、越南、老挝、泰国、缅甸、印度、不丹、尼泊尔、巴基斯坦、以色列、孟加拉国、柬埔寨、斯里兰卡、菲律宾、马来西亚、印度尼西亚、埃及、澳大利亚及非洲。

习性：取食合欢、榆树、槐、桑、海红豆、桃、木棉、羊蹄甲属、扁担杆属等。

十八、叶甲科 Chrysomelidae

1. 甜菜大龟甲 *Cassida nebulosa* Linnaeus, 1758

特征：体长 6～7mm。体色变化大，草绿色、橙黄色或棕赭色。额唇基长略胜于阔，多刻点。前胸背板半圆形略带三角形，基侧角阔圆，密布刻点。鞘翅除敞边基半部无斑外，其后半部及盘区满布不规则小黑斑，鞘翅敞边外缘中段显著阔厚。腹面黑色。股节有时中段带灰褐色。

分布：黑龙江、吉林、辽宁、内蒙古、宁夏、甘肃、新疆、河北、北京、天津、山西、山东、陕西、上海、江苏、湖北、四川；俄罗斯（西伯利亚）、朝鲜、日本及欧洲。

习性：取食甜菜、藜、苋等。

2. 龟甲 *Cassida* sp.

特征：体小型，呈卵形。体棕红色，具金色或金光斑点，表面粗糙多刻点。触角粗短。足粗壮，中足间中胸腹板不阔。

分布：山东。

习性：一些种类取食禾本科植物。

3. 角胸叶甲 *Basilepta* sp.

　　特征：体小型，呈卵形或近方形。体色光亮。触角细长，丝状。前胸背板横宽，前端明显束缩，两侧具完整的边缘。鞘翅基部稍宽于前胸，肩部隆起，肩胛内侧的基部隆起很高，下面具 1 条横凹。

　　分布：山东。

　　习性：一些种类取食茶树。

4. 金叶甲 *Chrysolina* sp.

　　特征：体小型。背面通常青铜色或蓝色，有时紫蓝色；腹面蓝色或紫色，密被刻点。头顶刻点较稀，额唇基较密。触角细长。前胸背板横宽，盘区两侧隆起，小盾片三角形。鞘翅刻点粗且不规则。

　　分布：山东。

　　习性：常见于植物叶片上。

5. 甘薯肖叶甲 *Colasposoma dauricum* Mannerheim, 1849

　　特征：体长 5 ~ 7mm。该种外部形态差异较大，体色多变，常为青铜色、蓝色、蓝紫色、蓝黑色、紫铜色等，全体密布刻点。头部刻点间距隆起，形成纵皱纹状。触角丝状。前胸背板横宽，侧缘圆形，前角尖锐，小盾片近乎方形，基部具刻点。鞘翅隆凸，肩部高隆、光亮，其下微凹。腹面被白色细毛。

　　分布：中国广泛分布（除贵州和西藏尚未报道外）；日本、俄罗斯、缅甸、印度及中南半岛。

　　习性：取食甘薯、蕹菜、棉花、小旋花等。

6. 蓝负泥虫 *Lema concinnipennis* Baly, 1865

特征：体长 4.3～6.0mm。体表面蓝黑色，具金属光泽。体腹面蓝褐色，腹部末 3 节棕黄色。头顶隆起，后无红斑。前胸背板平，布细或粗细不一的刻点。足蓝褐色，胫节齿无。腹部稀被毛。

分布：山东、陕西、吉林、北京、河北、山西、河南、甘肃、江苏、安徽、浙江、湖北、江西、湖南、福建、广东、广西、四川、贵州、云南、台湾；朝鲜、日本、菲律宾、土耳其。

习性：取食薯蓣属植物。

7. 枸杞负泥虫 *Lema decempunctata* (Gelber, 1830)

特征：体中小型。头、触角、前胸背板及小盾片铜黑色，具紫黑色金属光泽。鞘翅红棕色至黄棕色，每个鞘翅通常具 5 个黑斑，有时黑斑消失或全无。胸部黑色，腹部中央黑色，前胸背板平坦无横沟，密布粗刻点。足色多变，黑色至棕黄色，有时仅基节和腿节端部黑色或跗节也为黑色。

分布：陕西、黑龙江、吉林、内蒙古、北京、河北、山西、山东、河南、宁夏、甘肃、青海、新疆、安徽、浙江、湖北、江西、湖南、福建、广东、四川、西藏；蒙古、日本、哈萨克斯坦。

习性：取食枸杞。

8. 鸭跖草负泥虫 *Lema diversa* Baly, 1878

特征：体中小型。头部除头顶前部黑色外，其余部分红棕色，前胸背板、小盾片及鞘翅红棕色，触角、口器及足黑色，腹部除腹节侧缘和末腹节棕红色外其余部分黑色。前胸背板前缘于前角之间稍拱。鞘翅基凹深，被排列不齐的稀疏刻点，至末端渐小。

分布：陕西、黑龙江、吉林、辽宁、北京、河北、山东、河南、江苏、安徽、浙江、江西、福建、广东、广西、四川、贵州；俄罗斯、朝鲜、日本。

习性：取食鸭跖草。

十九、象甲科 Curculionidae

1. 大粒象 *Adosomus* sp.

特征：体中型，较粗壮。喙粗，密布刻点，中隆线不清晰。触角索节2短于1。前胸及鞘翅散布大颗粒和不规则的白色绵毛斑。前胸基部近乎截断形，后胸腹板短于中足基节的直径。各足胫节内缘具1排刺，胫节具端刺，爪合生。

分布：山东。

习性：植食性。

2. 筒喙象 *Lixus* sp.

特征：体小型。喙通呈圆筒形，略扁。眼长椭圆形。前胸两侧前缘的纤毛位于下面。鞘翅细长，略呈圆筒形，身体背面被覆细毛锈赤色粉末。雄性的喙较雌性更短而粗，花纹更明显。

分布：山东。

习性：成虫、幼虫多食性，常见于草本植物上。

3. 蒙古土象 *Meteutinopus mongolicus* (Faust, 1881)

特征：体长4.4～5.8mm。体被褐色和白色鳞片，头和前胸带铜光。触角红褐色。前胸宽大于长，两侧凸圆，具3条深纵纹和2条浅纵纹。鞘翅宽于前胸，雌性特别宽，基部具白斑，肩具1个白斑，其余部分被褐色鳞片杂少数白色鳞片。足红褐色、被覆鳞片和毛，前足胫节内缘有钝齿1排。

分布：陕西、黑龙江、吉林、辽宁、内蒙古、北京、河北、山西、山东、河南、甘肃、青海、四川；蒙古、俄罗斯、朝鲜、韩国。

习性：取食玉米、棉花、花生、甜菜、豌豆、柞栎、刺槐、杏树、核桃、板栗等。

4. 妙喙象 *Myosides* sp.

特征：体小型。体灰褐色。喙短宽，两侧平行或略外扩，后两侧收窄。触角较为粗壮，第2节略短于第1节，第2～6节约与宽度相当，具颗粒。下颚具钝齿。鞘翅椭圆形，两侧均匀圆润，最宽处在离顶端约1/3处，肩突消失。各足股节棍状，各股节具1个小尖齿。

分布：山东。

习性：植食性。

5. 灰象 *Sympiezomias* sp.

特征：体小型，雄性较雌性更瘦小。体灰褐色，喙长于头，长宽约相等，中沟深而宽，中沟两侧各有1条傍中沟，傍中沟内缘隆，形成隆线。前胸宽大于长，两侧凸圆，前后缘均为截断形，后缘镶边。小盾片不存在。雄性鞘翅卵形，雌性鞘翅椭圆形。前足胫节内缘具1排齿。

分布：山东。

习性：植食性。

第八章
脉 翅 目
Neuroptera

　　脉翅目（Neuroptera）昆虫俗称蚜狮、蚁狮等。目前，全世界已知现生脉翅目昆虫20余科近6000种。脉翅目属完全变态类，幼虫除水蛉科为水生外，其余均为陆生，衣鱼型或蠋虫型，足短健。体一般中小型，也有大型种类；一般体壁脆弱，有时生毛，或覆白蜡；复眼大，间隔宽大，单眼3个，有时消失；口器简单，基本属于咀嚼口式；前胸较短；足细长，跗节5节；翅2对，大小、形状及翅脉均相似，翅脉网状，翅发达，但飞翔力较弱；尾须缺，产卵管不露出。

一、草蛉科 Chrysopidae

1. 丽草蛉 *Chrysopa formosa* Brauer, 1851

特征：体长 8～11mm。头部绿色，具 9 个黑褐色斑，颚唇须黑褐色。前胸背板绿色，两侧具褐斑和黑色刚毛，横沟两端有"V"形黑斑。中、后胸背板绿色。足绿色，胫端、跗节及爪褐色。前翅前缘横脉列黑褐色 19 条，翅痣浅绿色。

分布：黑龙江、吉林、辽宁、内蒙古、北京、河北、宁夏、甘肃、青海、新疆、陕西、山西、山东、河南、江苏、安徽、浙江、湖北、江西、湖南、福建、广东、四川、贵州、云南、西藏；蒙古、俄罗斯、朝鲜、日本及欧洲。

习性：捕食蚜虫、叶螨。具远距离迁飞行为。

2. 日本通草蛉 *Chrysoperla nipponensis* (Okamoto, 1914)

特征：体长 9.5～10.0mm。头部黄色，具黑褐色斑纹。前胸背板中央具黄色纵带，两侧绿色，前胸背板边缘褐色，足黄绿色，具褐色毛，胫节、跗节及爪褐色。前翅前缘横脉列 22 条，后翅前缘横脉列 18 条。腹部背面具黄色纵带，两侧绿色，腹面浅黄色，具灰色毛。

分布：北京、河北、山西、内蒙古、辽宁、吉林、黑龙江、江苏、浙江、福建、山东、广东、广西、海南、四川、贵州、云南、陕西、甘肃；蒙古、俄罗斯、朝鲜、日本、菲律宾。

习性：捕食蚜虫、蚧虫、叶蝉、鳞翅目的卵及幼虫、叶螨等。具远距离迁飞行为。

二、褐蛉科 Hemerobiidae

角纹脉褐蛉 *Micromus angulatus* (Stephens, 1836)

　　特征：体长 3.8～7.0mm。头部灰褐色，头顶具稀而长的毛，触角浅褐色，各节密被短毛。胸部背板黄褐色，前中胸背板被稀疏的长刚毛，中、后胸的两侧盾片具 1 个近圆形褐斑。前、后翅均为椭圆形，前翅密布大小不一的褐斑和黄褐色波状纹，翅脉黄褐色，Rs 共分为 4 支，近前缘明显弯曲。

　　分布：浙江、内蒙古、北京、河北、陕西、河南、湖北、云南、山东、台湾。

　　习性：捕食性。

三、蚁蛉科 Myrmeleontidae

1. 拟褐纹树蚁蛉 *Denoleon similis* Esben-Petersen, 1923

　　特征：前翅长 22～31mm。体大部分灰褐色。前翅前缘域简单，翅斑深褐色，翅痣前翅脉偶有分叉，Rs 分叉点先于 CuA 分叉点。后翅 1 条基径中横脉。足距较直长，伸达第 2 跗节。雄性带有轭坠，生殖弧稍呈帽兜状，阳基侧呈突片状。

　　分布：北京、山西、宁夏、河北、山东、江苏、上海、浙江、江西、福建、湖北；欧洲。

　　习性：幼虫常栖息于墙角，具趋光性。

2. 条斑次蚁蛉 *Deutoleon lineatus* (Fabricius, 1798)

特征：体长 30 ～ 36mm。头顶黄色，额唇基沟微呈黑色。前胸背板梯形，黄色，具 2 条宽大黑色纵纹。足黄色，散落稀疏斑点，跗节黑黄相间，端部黑色。翅透明、狭长，后翅约与前翅等长，翅痣均为黄色。腹部黑色无斑，具稀疏白色刚毛。

分布：吉林、辽宁、内蒙古、北京、河北、山西、山东、河南、陕西、宁夏、甘肃、新疆；俄罗斯、蒙古、韩国、哈萨克斯坦、吉尔吉斯斯坦、乌克兰、匈牙利、罗马尼亚、摩尔达维亚、土耳其。

习性：捕食性。昼夜均活动。

3. 密距蚁蛉 *Distoleon contubernalis* (McLachlan, 1875)

特征：体长 33 ～ 38mm。头顶稍微隆起，淡褐黄色。触角深褐色至黑褐色，密被短黑色毛。口器黄色，上唇具褐色毛。胸部褐色至淡灰褐色，从前缘到后缘有窄黄色纵中线，前对黄色斑点与前横沟处的外侧黄色条纹相连，有长黑色毛和外侧长白色毛。足白黄色至黄色,股节大部分褐色至深褐色,密被长白色毛。

分布：中国；日本、韩国。

习性：捕食性。

第九章

鳞 翅 目
Lepidoptera

鳞翅目（Lepidoptera）昆虫俗称蛾、蝶，目前，全世界已知 16 万种，中国已知 1 万余种，鳞翅目是昆虫纲四大目之一。该目昆虫种类繁多，许多种类的幼虫、成虫均能为害农作物，其经济意义重大。鳞翅目为完全变态昆虫，幼虫俗称蠋，一般为被蛹，部分原始种类为裸蛹，常吐丝筑茧或土室。体翅密布鳞毛，翅 2 对，横脉较少；口器一般为虹吸式，主要部分称口吻，由下颚外叶发达，上颚退化或消失。

一、尖蛾科 Cosmopterygidae

橙红离尖蛾 *Labdia semicoccinea* (Stainton, 1859)

特征: 翅展 12～15mm, 唇须向上弯曲, 伸过头顶。复眼红色, 胸及前翅前半部灰色且具橙红色竖纹, 前翅后半部分棕黄色, 具黑斑。体黑褐色, 具纤细银白色条纹。

分布: 中国广泛分布。

习性: 幼虫潜叶、卷叶或蛀果。

二、织蛾科 Oecophoridae

1. 斜锦织蛾 *Promalactis autoclina* Meyrick, 1935

特征: 体小型。头部鳞片紧贴, 光滑, 具金属光泽。体大部分黄褐色至淡黄色。触角细长, 被白色鳞毛, 雄性触角具纤毛, 雌性无。下唇须 3 节, 长且上举。前翅矛形, 鳞片光滑, 前缘近平直, 顶角钝尖。前翅 1A+2A 脉基部具短叉, R_4 利 R_5 脉共柄, R_5 脉达前缘, R_1 脉出自中室上缘中部。

分布: 河南、甘肃、山东。

习性: 取食松科、蔷薇科等乔木的腐烂树皮。

2. 点线锦织蛾 *Promalactis suzukiella* (Matsumura, 1931)

特征: 翅展 10～13mm。体及前翅深褐色或黄褐色, 颜面银白色。触角细长黑色。前翅基半部具 2 条平行的银白色斜横带, 于翅前缘的 4/5 处具银白色圆斑。前胸背板有 2 个黑色斑点, 近后缘处具 1 个黑色大斑, 翅末端及缘毛黑色细长。

分布: 山东、天津、河北、广西、浙江、湖南、安徽、河南、贵州、甘肃、西藏、四川、湖北、广东、陕西。

习性: 取食板栗枝干。

三、菜蛾科 Plutellidae

小菜蛾 *Plutella xylostella* (Linnaeus, 1758)

特征：翅展 15mm。蕊喙显著。前翅窄，前部边缘为褐灰色，有黑色斑点。后部边缘有奶油色的波浪状斑纹，有时会收缩成 1 个或更多个钻石状斑纹。其后翅浅灰色。

分布：世界广泛分布。

习性：取食十字花科植物。具远距离迁飞行为。

四、展足蛾科 Stathmopodidae

展足蛾 *Stathmopada* sp.

特征：体小型。头部白色，略带黄色，具金属光泽，鳞片紧贴。触角黑褐色，细长。翅狭长。前翅前半部淡黄色，后半部淡黑褐色。前胸背板近后缘，具 1 个黑斑，缘毛色浅。

分布：山东。

习性：常见于低、中海拔山区。

五、麦蛾科 Gelechiidae

1. 棕麦蛾 *Dichomeris* sp.

特征：体小型。体大部分白色，杂深棕色鳞片。下唇须第 2 节背面或腹面常具发达的鳞毛簇，雌性外生殖器囊导管常具骨化叶伸至交配囊。

分布：山东。

习性：取食苹果、艾、矢车菊、鹅耳枥等。

2. 甘薯阳麦蛾 *Helcystogramma triannulella* (Herrich-Schäffer, 1854)

特征：翅展 13.0～17.5mm。体大部棕色至深棕色，额灰黄色，胸部和翅基片深褐色，前翅散布赭褐色鳞片。前翅前缘端部具 1 个棕黄色小斑，中室具 2 个棕黄色环形斑，环斑中央杂黑褐色，边缘杂白色，缘毛灰褐色至深灰褐色，杂灰白色。后翅及缘毛灰色。腹部背面灰褐色至黑褐色，腹面灰黄色。

分布：天津、河北、辽宁、江苏、安徽、江西、山东、河南、湖南、广西、四川、贵州、陕西、甘肃、新疆、香港、台湾；韩国、日本、印度、俄罗斯及亚洲中部地区和欧洲中南部。

习性：取食甘薯、圆叶牵牛等旋花科植物。

3. 刺槐荚麦蛾 *Mesophleps sublutiana* (Park, 1990)

特征：翅展 9.5～18.0mm。体大部浅黄色至灰褐色，翅基片基部和前翅前缘黑褐色，翅褶中部及末端各有 1 个黑点，中室 2/3 处及末端各具 1 个黑点，有时斑点不明显，缘毛黄褐色。后翅灰褐色。

分布：陕西、河北、山西、山东、河南、湖北、江苏、安徽；朝鲜。

习性：取食刺槐。

4. 多弦麦蛾 *Polyhymno* sp.

特征：体小型。头部白色，略带黄色，具有金属光泽，鳞片紧贴。下唇须发达向上弯曲。翅淡黄色，具有多条褐色条纹，前翅顶角具尖细的尾突。

分布：山东。

习性：取食谷物。

六、刺蛾科 Limacodidae

1. 桑褐刺蛾 *Setora sinensis* Moore, 1877

特征：翅展 30 ～ 41mm。体褐色至深褐色，雌性体色较雄性体色更浅。复眼黑色。前翅灰褐色至粉褐色，中线自前缘离翅基 2/3 处斜伸至后缘 1/3 处，外线直，内衬浅色带，外衬具不清晰铜褐色斑。

分布：湖北、陕西、甘肃、北京、江苏、浙江、福建、江西、山东、河南、湖南、广东、广西、海南、四川、云南、台湾；印度、尼泊尔。

习性：取食香樟、苦楝、木荷、麻栎、杜仲、七叶树、乌桕、喜树、悬铃木、杨、柿、核桃、桃、梅、垂柳、重阳木、无患子、枫杨、银杏、枣、板栗、柑橘、苹果、樱桃、李、冬青，以及蜡梅、海棠、紫薇、玉兰、樱花、红叶李、月季、葡萄等。

2. 光仿眉刺蛾 *Quasinarosa fulgens* (Leech, 1888)

特征：翅展 20 ～ 25mm。体大部分浅黄色。前翅浅黄色，布淡红褐色斑点，有时体翅面的红褐色斑纹淡化，仅隐约可见。前翅内半部有一系列斜伸至翅后缘的深色带，沿中央大斑外缘具 1 条浅黄白色的线，外横线内侧各翅脉间具小黑点。后翅浅黄色。

分布：北京、山东、河南、甘肃、湖北、浙江、安徽、福建、江西、湖南、广东、广西、海南、四川、重庆、贵州、云南、台湾；日本、朝鲜、韩国、越南。

习性：取食枫香。

3. 背刺蛾 *Belippa horrida* Walker, 1865

特征：翅展 30 ～ 38mm。体黑色且杂褐色鳞片，密生黑褐色的毛和鳞。前翅内线模糊，灰白色锯齿状，内线两侧较黑，横脉纹具新月形白斑，外线不清晰白色波浪状，顶角具黑斑，杂白色鳞片，外缘翅脉白色，端线白色细线。后翅灰黑色，后缘和端线白色。

分布：陕西、湖北、河南、黑龙江、浙江、福建、江西、山东、湖南、广西、海南、四川、云南、台湾；日本、尼泊尔。

习性：取食茶、蓖麻、苹果、梨、桃、葡萄、刺槐、臭椿、麻栎、枫杨及大叶胡枝子。

4. 枣奕刺蛾 *Phlossa conjuncta* (Walker, 1855)

特征： 翅展 28 ~ 33mm。体大部分褐色。雌性触角丝状，雄性触角短栉齿状。胸背上部鳞毛稍长，中间略褐红色，两边褐色。前翅基部褐色，近外缘处有 2 个近菱形的斑纹，靠近前缘的一个褐色，靠近后缘一个红褐色，横脉上具 1 个黑点。后翅灰褐色。腹部背面各节褐红色鳞毛，呈"人"字形。

分布： 河南、湖北、陕西、甘肃、北京、河北、辽宁、黑龙江、江苏、浙江、安徽、福建、江西、山东、湖南、广东、广西、海南、四川、贵州、云南、西藏、台湾；朝鲜，日本，印度，尼泊尔，泰国，越南。

习性： 取食油桐、苹果、梨、杏、桃、樱桃、枣、柿、核桃、杧果、茶。

5. 黄刺蛾 *Monema flavescens* (Walker, 1855)

特征： 翅展 30 ~ 39mm。头部、胸部背面黄色，腹背黄褐色，少数为黑色型。前翅内半部黄色，外半部黄褐色，具 2 条暗褐色斜线，于翅顶前呈倒"V"形相接，内侧 1 条延伸至中室下角，为 2 种颜色的分界线，外侧 1 条线略外弯，延伸至臀角前方，却不达后缘，横脉纹为 1 个暗褐色点。后翅黄色至赭褐色。

分布： 中国广泛分布（除新疆、西藏外）；日本、朝鲜、俄罗斯。

习性： 取食枫杨、重阳木、乌桕、美杨、毛白杨、三角枫、刺槐、梧桐、楝、油桐、柿、枣、核桃、板栗、茶树、桑、柳、榆、苹果、梨、杏、桃、石枇杷、柑橘、山楂、杧果等。

6. 褐边绿刺蛾 *Parasa consocia* (Walker, 1863)

特征： 翅展 20 ~ 40mm。头、胸及前翅绿色。前翅基部具红褐色斑，在中室下缘和第 1 脉上呈钝角凸出，翅外缘边具 1 条浅黄色宽带，内侧具红褐色点状斑纹。后翅、腹部均为灰黄色。

分布： 中国广泛分布；日本、朝鲜、俄罗斯。

习性： 取食梨、苹果、海棠、杏、桃、李、梅、樱桃、山楂、柑橘、枣、栗、核桃、榆、杨、柳、枫、桑、茶、梧桐、白蜡、紫荆、刺槐、乌桕、冬青、喜树、悬铃木等。

七、斑蛾科 Zygaenidae

斑蛾 *Clelea* sp.

特征：体中小型。具喙。具单眼。下唇须常短小。体大部分黑褐色，杂蓝色鳞片。胸腹部多泛蓝色。前翅深褐色，布蓝色鳞片，前缘和基部色深，翅脉淡黑色。前足胫节无距，中足和后足胫节分别具 1 对距。

分布：山东。

习性：取食蔷薇科植物。

八、多翼蛾科 Alucitidae

多翼蛾 *Alucita* sp.

特征：体小型。体黄褐色，杂白色鳞片。翅脉黄褐色，毛白色羽状，前翅 6 羽枝，后翅斑纹类似前翅。腹部各节具白色横斑。

分布：山东。

习性：具有趋光性。

九、蛀果蛾科 Carposinidae

桃蛀果蛾 *Carposina sasakii* Matsumura, 1900

特征：雌性翅展 16 ～ 18mm，雄性翅展 13 ～ 15mm。体大部分灰白色至灰褐色，复眼红褐色。雌性唇须较长且向前伸直。前翅前缘中部具 1 个明显的三角形大黑斑，此斑雄性较雌性的更小，近基部和中部有 7 ～ 8 簇黄褐色斜立鳞片。后翅灰色，缘毛浅灰色。

分布：中国广泛分布（除西藏外）；俄罗斯远东地区及韩国、日本、朝鲜。

习性：取食山楂、枣、酸枣、苹果、海红、梨、桃及杏等果树。

十、卷蛾科 Tortricidae

1. 榆白长翅卷蛾 *Acleris ulmicola* (Meyrick, 1930)

特征：翅展 16～17mm。唇须直而下垂。头、胸部及前翅白色，体色多变，有时呈灰色或淡棕色，前翅前缘中部有近三角形褐色斑或前翅前半部皆成褐色斑。触角柄节灰色。前翅前部窄，后部宽；前缘基部 1/3 弯曲，中部稍有凹陷，翅面具深灰色点或横斑。后翅灰褐色，前缘色淡，具条斑。

分布：黑龙江、吉林、内蒙古、宁夏、青海、河北、山东、河南；日本、俄罗斯。

习性：取食黑榆、裂叶榆、春榆、榆树等榆科植物。

2. 褐带卷蛾 *Adoxophyes* sp.

特征：体小型。体大部分浅黄褐色。前翅和后翅 M_2 与 M_3 脉基部相互靠近，索脉和 M 干脉退化。雄性外生殖器爪形突端部扩展，颚形突两臂侧腹面突出，尾突小，抱器背基突骨化强，成钩形突，端部具齿突。

分布：山东。

习性：取食果树。

3. 棉褐带卷蛾 *Adosophyes orana orana* (Fischer v. Riisilerstamm, 1834)

特征：翅展 13～23mm。体褐色。下唇须第 2 节背面呈弧状，末节稍下垂。前翅淡棕色至深黄色，具前缘褶，基斑黄褐色自前缘褶 1/2 延伸至后缘 1/3 处，中带黄褐色自前缘 1/2 处开始斜伸至后缘 2/3 处，中部具 1 分支延伸至臀角，端纹黄褐色自前缘 3/4 处延伸至外缘，一直伸至臀角。后翅淡灰褐色，缘毛灰黄色。

分布：山东、湖北、浙江、安徽、江苏、福建、广东、海南；日本、印度、新加坡、印度尼西亚及欧洲。

习性：取食棉、茶、柑橘。

4. 黄卷蛾 *Archips* sp.

特征：体小型。体大部黄褐色。雌雄二型现象较普遍。雄性斑纹较雌性更清晰，雌性体形明显大于雄性。腹部第 2 节、第 3 节背板前缘各具 1 对背穴。前翅所有翅脉分离，M 脉主干退化。

分布：山东。

习性：取食果树。

5. 棉花双斜卷蛾 *Clepsis pallidana* (Fabricius, 1776)

特征：翅展 15 ~ 20mm。体大部橙黄色。下唇须前伸。前翅具微弱金属光泽。雄虫具前缘褶，翅面具红褐色斜斑，基斑自前缘的 1/4 斜伸至后缘 1/2 处，中斑自前缘的 1/2 斜伸至臀角，端纹延伸至外缘。

分布：北京、黑龙江、吉林、河北、山东、新疆、青海、四川；日本、朝鲜、俄罗斯及欧洲。

习性：取食绣线菊、锦鸡儿等灌木，棉花、津麻、大麻、苜宿等大田作物。

6. 白钩小卷蛾 *Epiblema foenella* (Linnaeus, 1758)

特征：翅展约 19mm。体大部分褐色。前翅具 1 条自后缘距基部 1/3 处伸向前缘的白条，至中室前缘处 90 度折角向臀角方向延伸，渐窄，止于中室下角外方，两翅并拢时白斑呈钩状。

分布：黑龙江、吉林、河北、山东、湖南、江苏、安徽、江西、青海、云南、福建、台湾；日本、印度。

习性：取食艾。

7. 麻小食心虫 *Grapholita delineana* (Walker, 1863)

特征: 翅展 11～15mm。触角线状,复眼绿色,单眼 2 个。中后胸鳞毛暗褐色,细小而伏贴,腹部灰褐色。前翅大部分黑褐色,前缘淡黄色,有 9 条外斜的褐纹,后缘中部具 4 条平行的灰白色弧纹直达后缘,近臀角处另有 2 条不明显的灰纹。后翅黑褐色。足灰白色,跗节 5 节。

分布: 华北地区、东北地区、西北地区、华中地区及内蒙古、山西、河北、台湾。

习性: 取食大麻、葎草。

8. 梨小食心虫 *Grapholita molesta* (Busck, 1916)

特征: 翅展 10～15mm。体灰褐色,无光泽。下唇须向上弯。前翅混杂有白色鳞片,中室外缘具 1 个黑斑。后翅暗褐色,基部较淡,缘毛黄褐色。

分布: 北京、辽宁、河北、山东、江苏、江西、广西;日本、澳大利亚及欧洲、北美。

习性: 取食梨、苹、桃、枇杷、李、杏、杨梅、樱桃、海棠等果实或嫩梢。

9. 圆卷蛾 *Neocalyptis* sp.

特征: 体小型。体大部浅褐色。后翅 Rs 与 M1 脉共柄。雄性外生殖器爪形突细而短,尾突大,末端尖;抱器背基突呈钩形突,瓣宽圆,腹宽阔;阳茎基环小而简单,粗壮,盲囊发达,阳基腹棒细小,角状器大,簇生。雌性外生殖器后阴片宽阔,交配孔宽,囊导管较长,囊突角状发达,球形突明显。

分布: 山东。

习性: 植食性。

十一、螟蛾科 Pyralidae

1. 秀峰斑螟 *Acrobasis obrutella* (Christoph, 1881)

特征： 翅展 16 ～ 18mm。头黑褐色，下唇须基部白色，其余黑褐色，触角黄褐色。胸部肩片红褐色。前翅基部赭红色，内横线淡黄色外斜，外横线黄褐色锯齿状，中室端脉斑呈白色条状。后翅及缘毛淡褐色。腹部黄褐色。前足赭红色，中、后足黄褐色，胫节背面具缨毛。

分布： 陕西、山东。

习性： 植食性。

2. 黑松蛀果斑螟 *Assara funerella* (Ragonot, 1901)

特征： 翅展约 15mm。体大部分深褐色。前翅沿前缘的白斑宽度小于前翅宽度的一半，后足的顶端内侧距的长度为外侧距的 2 倍。雄性生殖器的第 8 背板未硬化，阳茎无角质突起。雌性生殖器的后突起超出第 8 背板的前缘，囊导管的基部与远端宽度相同。

分布： 山东、河北、河南、甘肃、浙江、贵州、云南、广西；日本、韩国。

习性： 取食黑松。

3. 松蛀果斑螟 *Assara hoeneella* Roesler, 1965

特征： 翅展约 17mm。头圆形，前额宽，覆黑褐色鳞片。唇须细，向上弯曲。胸部及翅基片黑褐色。前翅黑褐色，具浅灰色带状纹和不清晰浅灰色圆斑。

分布： 辽宁、河北、河南、天津、山西、山东、浙江、福建、江苏、湖南、湖北、贵州、重庆、四川；俄罗斯、日本。

习性： 取食油松、黑松、赤松、马尾松、华山松、落叶松、云杉。

4. 中国软斑螟 *Asclerobia sinensis* (Caradja, 1937)

特征：翅展 14.5～21.0mm。体大部分米黄色，触角柄节黄白色。前翅狭长，浅黄色。唇须浅灰色至灰棕色，背面黄色，前中线内缘具黄色至红色的凸起鳞片，沿着前缘具明显灰色条纹。

分布：北京、天津、河北、河南、四川、安徽、贵州、甘肃、陕西、山东；阿富汗、韩国、日本、俄罗斯。

习性：植食性。成虫常见于 8 月。

5. 芽梢斑螟 *Dioryctria yiai* Mutuura et Munroe, 1972

特征：体中型。触角丝状。翅狭长，近基部内缘橙褐色，其余部分红褐色。前翅具有白色横带。

分布：中国、日本。

习性：取食马尾松。

6. 歧角螟 *Endotricha dumalis* Wang et Li, 2005

特征：体小型。前翅橙褐色，前缘脉具黄色小斑，中线黄褐色，中室端具 1 个紫褐色横斑，端线黑色，缘毛黄色。

分布：中国、印度。

习性：植食性。具趋光性。

7. 榄绿歧角螟 *Endotricha olivacealis* (Bremer, 1864)

特征：翅展 17～23mm。体大部分黄褐色杂紫褐色鳞片。前翅具 1 列黄白色斑点，中室端斑黑色月牙状，内横线淡黄色外弯，外横线淡黄色内弯，外缘线黑色，缘毛淡黄色杂红褐色。后翅红褐色，内横线及外横线淡黄色齿状内斜，外缘线黑色，缘毛大部黄白色，基部淡黄色，近基部红褐色。腹部红褐色。

分布：陕西、甘肃、湖北、河南、北京、天津、河北、浙江、安徽、福建、江西、山东、湖南、广东、广西、海南、四川、贵州、云南、西藏、台湾；朝鲜、日本、缅甸、印度尼西亚、印度、尼泊尔、俄罗斯。

习性：植食性。具趋光性，常见于 5～9 月。

8. 豆荚斑螟 *Etiella zinckenella* (Treitschke, 1832)

特征：翅展 16～22mm。前翅底色黄褐色，前缘中部至顶角具 1 条黑褐色纵带，侧具 1 条白色纵带，内横线处具 1 个新月形金黄色斑，外横线不清晰锯齿状，外缘线灰色，缘毛灰褐色。后翅淡灰褐色，外缘、顶角及翅脉褐色。足暗褐色，中足胫节外侧具白色鳞毛。腹部各节基部黑褐色，端部黄色。

分布：陕西、河南、甘肃、湖北、天津、河北、安徽、福建、山东、湖南、广东、四川、贵州、云南、宁夏、新疆；世界广泛分布。

习性：取食大豆、豌豆、绿豆、豇豆、扁豆、菜豆、刺槐等豆科作物。

9. 旱柳原野螟 *Euclasta stoetzneri* (Caradja, 1927)

特征：翅展 28～38mm。额褐色，两侧和正中具白色纵条，头顶淡黄色。前翅基部、前缘域灰褐色，中室被黑褐色带分为两部分，前半部灰褐色，后半部白色，各翅脉深褐色，R_3 至 2A 脉各翅脉间白色，中为褐色纵带，外缘带黑褐色，缘毛白色且具褐色线。后翅半透明。腹面白色，背面褐色杂黄色鳞片。

分布：河北、北京、天津、山西、内蒙古、吉林、黑龙江、福建、山东、河南、湖北、四川、西藏、陕西、甘肃、宁夏；蒙古。

习性：取食旱柳。

10. 欧氏叉斑螟 *Furcata ohkunii* (Shibuya, 1928)

特征：体中小型。下唇须较短，弯曲上举。下颚须短小，端部鳞片略呈扇形。喙发达。前翅浅灰褐色，内横线内侧后端具黑褐色大斑。

分布：中国。

习性：具趋光性。植食性。

11. 赤双纹螟 *Herculia pelasgalis* Walker, 1859

特征：翅展 21～29mm。头部红褐色杂黄色鳞片，下唇须红褐色且向上倾斜。胸、腹部红褐色。前翅红褐色至紫红色，具 2 条黄色横线，前缘扩展成黄色三角斑纹状，缘毛黄色。后翅红褐色，横线不明显，缘毛黄色。

分布：山东、江苏、浙江、湖北、福建、广东、台湾；朝鲜、日本。

习性：取食茶树等。

12. 灰巢螟 *Hypsopygia glaucinalis* (Linneaus, 1758)

特征：翅展 17～27mm。额及头顶黄色。触角黄褐色。前翅青灰色带淡红褐色，前缘红褐色，具 1 排黄色刻点。内横线淡黄色且外弯，外横线淡黄色且近直，中室端斑深褐色，缘毛淡灰色。后翅灰褐色，内、外横线均为淡黄色。缘毛淡灰色。足黄褐色至紫红褐色。腹部黄褐色。

分布：河北、北京、天津、内蒙古、辽宁、吉林、黑龙江、江苏、浙江、福建、江西、山东、河南、湖北、湖南、广东、海南、四川、贵州、云南、陕西、甘肃、青海、台湾；朝鲜、日本及欧洲。

习性：取食谷物、干草以及畜牧干饲料等。

13. 钝拟梾斑螟 *Merulempista cingillella* (Zeller, 1846)

特征：体小型。体大部分淡褐色。雄性头顶具鳞毛突。下唇须弯曲上举过头顶，雄性下唇须紧贴额部；雌性下唇须较纤细，远离额部。前翅内横线外侧常具黑色竖鳞。

分布：山西、山东、天津、河北、内蒙古、青海、宁夏、新疆；欧洲、亚洲中部。

习性：植食性。具有趋光性。

14. 麦牧野螟 *Nomophila noctuella* Denis et Schiffermuller, 1775

特征：翅展 23～30mm。头、胸、腹部及翅灰褐色。前翅中室基部下半部有 1 个黑褐色斑，中室端部有 1 条黑褐色肾纹，中室中央有 1 个黑褐色圆斑，缘毛褐色。后翅淡褐色杂深褐色，缘毛灰白色。腹部灰褐色，两侧各具 1 列白色条纹。

分布：吉林、内蒙古、河北、山东、河南、湖北、广东、云南、四川、台湾；日本、印度及欧洲。

习性：取食小麦、柳。

15. 红云翅斑螟 *Oncocera semirubella* (Scopoli, 1763)

特征：翅展 18.0～28.5mm。体大部分淡黄色，头顶被淡黄色竖鳞毛。触角黄褐色。前翅前缘白色，后缘黄色，中部具桃红色横带，缘毛浅桃红色。后翅淡褐色，缘毛灰白色，缘线褐色。胸足灰褐色。腹部背面灰褐色，腹面红褐色至褐色。

分布：陕西、甘肃、河南、湖北、北京、天津、河北、内蒙古、吉林、黑龙江、江苏、浙江、安徽、福建、江西、山东、湖南、广东、广西、四川、贵州、云南、青海、宁夏、台湾；日本、俄罗斯、印度、英国、保加利亚、匈牙利。

习性：取食紫花苜蓿、百脉草、白苜蓿等。

16. 刷须瘤丛螟 *Orthaga onerata* (Butler, 1879)

特征：翅展 20～22mm。头灰褐色，触角褐色，各节基部白色。胸部黄绿色杂白色、褐色鳞片。前翅底色白色，亚基线褐色波浪状，前横线暗褐色波浪状，两线之间为暗褐色宽带，外横线暗褐色锯齿状，内衬暗褐色，外缘翅脉端具黑色斑。后翅灰褐色。腹部暗褐色，基部 4 节前缘白色。

分布：山东、浙江、湖北、江西、广西、四川、云南。

习性：植食性。具趋光性。

17. 金黄螟 *Pyralis regalis* Schiffermüller et Denis, 1775

特征：翅展 15～24mm。胸部红褐色至紫褐色，前翅基部和端部紫褐色，前缘中部具 1 列白点，内横线黄白色外斜，镶黑边，外横线黄白色，镶黑边，内横线前端 2/3 及外横线前端 1/3 呈白色宽带，至后缘渐窄，缘毛灰白色杂红褐色。后翅内、外横线白色波曲状，镶黑边。足黄褐色。腹部紫褐色。

分布：陕西、甘肃、湖北、河南、北京、天津、河北、山西、辽宁、吉林、黑龙江、福建、江西、山东、湖南、广东、海南、四川、贵州、云南、台湾；朝鲜，日本、印度、俄罗斯及欧洲。

习性：取食茶树。

18. 黑基纹丛螟 *Stericta kogii* Inoue et Sasaki, 1995

特征：翅展 18～21mm。头部及下唇须及触角黑褐色，下唇须向上弯曲，下颚须刷状。胸背暗黄绿色杂黑褐色鳞片。前翅淡褐色散布黑褐色、黄绿鳞片，前缘中部具黑斑，中室端具 1 个黑点，外横线淡褐色波状，内侧有黑边，翅外缘有 1 排黑点。后翅黑褐色向基部色淡。前后翅缘毛灰褐色。

分布：陕西、山东、甘肃。

习性：植食性。具有趋光性。

19. 双线阴翅斑螟 *Sciota bilineatella* (Inoue, 1959)

特征：翅展 20～24mm。头顶灰白色，领片、翅基片及胸部灰褐色。前翅浅灰褐色，杂黑色、白色鳞片，内横线灰白色且直，两侧镶黑色边，中室端斑呈黑色新月形，外横线白色锯齿状且内弯，两侧镶黑边，外缘线黑褐色。后翅浅褐色。前后翅缘毛基部 1/3 褐色，端部灰白色。腹部灰褐色，各节端部黄色。

分布：北京、天津、河北、山西、辽宁、黑龙江、山东、青海、宁夏、新疆；韩国、日本。

习性：植食性。具趋光性。

20. 三角阴翅斑螟 *Sciora trigonia* Liu, 2014

特征：翅展 20～28mm。领片和翅基片黄褐色，胸部灰褐色。前翅基部浅黄褐色至黄褐色，端部灰黑色，内横线白色且内弯略呈"Z"形，其两侧镶黑褐色边，中室端具分离的圆形黑斑，外横线白色后半部锯齿形，外缘线黑褐色，缘毛灰色。后翅浅褐色，缘毛基半部浅褐色，端半部灰白色。足灰褐色。

分布：天津、河北、山西、辽宁、黑龙江、广东、海南、陕西、山东。

习性：植食性。具有趋光性。

21. 大豆网丛螟 *Teliphasa elegans* (Butler, 1881)

特征：翅展 24～35mm。头、胸部暗褐色混杂黄褐色鳞片。前翅前缘黑色，内横线黑色波浪状，中室内、中室端均有黑色鳞丛，外横线黑色锯齿状，外缘暗褐色有 1 列黑斑。后翅白色，外缘暗褐色。前后翅缘毛暗褐色与淡色相间。腹部暗褐色，除基部两节背中央黑色，其余各节白色，两侧黑褐色。

分布：河北、山东、天津、福建、河南、湖北、湖南、广西、贵州、陕西。

习性：取食苹果、核桃、桃、柿、大豆等。

十二、草螟科 Crambidae

1. 狭瓣暗野螟 *Bradina angustalis* Yamanaka, 1984

特征：体中小型。体大部分灰褐色，略带紫色光泽。额圆。下唇须向上弯曲，下颚须丝状，几乎与下唇须等长。触角具环。足细长，中足胫节外端距长为内端距长的 1/2，后足胫节外端距长为内端距长的 2/3。前翅狭长，翅面具黑褐色纹。

分布：河南、山东、江苏、湖北、甘肃；日本。

习性：植食性。具有趋光性。

2. 黄翅缀叶野螟 *Botyodes diniasalis* (Walker, 1859)

特征：翅展 30mm。头、胸、腹部及前翅淡黄色。前翅中室中央有 1 条肾形纹，中部白色外缘淡褐色，内线、外线深褐色波浪形，亚缘线淡褐色波浪形，缘毛淡褐色。后翅淡黄色，中室有 1 个暗褐色端斑，缘毛白色。

分布：北京、河北、山东；朝鲜、日本、印度、缅甸。

习性：取食杨属植物。

3. 黄纹髓草螟 *Calamotropha paludella* (Hübner, 1824)

特征：翅展 18～35mm。体色多变，雌雄二态，雌性体形大于雄性。雌性前翅白色带丝绸光泽，中室具黑点或无，带不明显 3 列淡黄色竖纹。后翅白色，顶角处颜色稍暗。前、后翅缘毛白色。

分布：吉林、黑龙江、北京、内蒙古、河北、天津、山东、江苏、上海、安徽、浙江、江西、陕西、宁夏、新疆、福建、湖北、湖南、广西、四川、云南、台湾；日本、朝鲜、澳大利亚及亚洲中部至欧洲、非洲。

习性：取食香蒲。

4. 横线镰翅野螟 *Circobotys heterogenalis* (Bremer, 1864)

特征：翅展 22 ～ 26mm。体大部分橙黄色。前翅橙黄色，外缘略带褐色，内横线黑色略向外倾斜，外横线黑色锯齿状内弯。后翅橙黄色，外横线黑色锯齿状内弯。双翅缘毛橙黄色。足中足胫节略膨大，内侧有沟槽及小束状。

分布：辽宁、陕西、山西、河北、山东、江苏、浙江、福建、江西、湖南、广东、海南、云南；日本、俄罗斯、罗马尼亚及朝鲜半岛。

习性：取食竹类。

5. 稻纵卷叶螟 *Cnaphalocrocis medinalis* (Guenée, 1854)

特征：翅展 12 ～ 18mm。体、翅黄褐色。触角丝状，黄白色。前翅前缘暗褐色，翅面上具 3 条暗褐色横线，内、外横线自前缘至后缘，中横线短粗，外缘具 2 条暗褐色宽带，外缘线黑褐色。后翅内横线短，不达后缘，外横线及外缘宽带与前翅相同，直达后缘。腹部各节后缘具 1 条暗褐色横线和 1 条白色横线，腹部末节有 2 个白色条斑。

分布：中国稻区广泛分布；朝鲜、韩国、日本、泰国、缅甸、印度、巴基斯坦、斯里兰卡、越南、菲律宾、马来西亚等。

习性：取食水稻、大麦、小麦、茭白、甘蔗、粟、薏仁、稗草、游草、雀稗、马唐、红茎马唐、狗尾草、蟋蟀草、柳叶箬、芦苇等。具远距离迁飞行为。

6. 水稻刷须野螟 *Cnaphalocrocis poeyalis* (Boisduval, 1833)

特征：翅展 16 ～ 20mm。触角黄褐色。胸部背面暗褐色。前翅淡黄色，前缘及外缘暗褐色，中室端具 1 个黑褐色肾形斑纹，内横线黑色弯曲，外横线黑褐色中部外弯。后翅淡黄色，外缘暗褐色，中室端具 1 个黑褐色斑纹，外横线前端平直，中部向外弯曲。前后翅缘毛暗褐色，顶端白色。

分布：中国广泛分布；非洲、亚洲、大洋洲、太平洋等热带及亚热带地区。

习性：取食稻、黍、高粱、玉米等。

7. 桃多斑野螟 *Conogethes punctiferalis* (Guenée, 1854)

特征：翅展 20～28mm。头、胸、腹及前翅黄色至橙黄色。前、后翅表面散布黑斑点，前翅有黑斑 25～30 个，后翅有黑斑 15～16 个。腹部背面及两侧面具成列黑斑。

分布：辽宁、河北、河南、山东、陕西、山西、湖南、湖北、江西、安徽、江苏、浙江、福建、广东、四川、云南、台湾；朝鲜、日本、印度尼西亚、印度、斯里兰卡、大洋洲。

习性：取食桃、苹果、梨、柑橘、杏、李、梅、樱桃、柿、山楂、枇杷、荔枝、龙眼、无花果、石榴、向日葵、马尾松等。

8. 瓜绢野螟 *Diaphania indica* (Saunders, 1851)

特征：翅展 24～28mm。头部黑褐色，触角长，灰褐色。胸部黑褐色，具丝绸光泽。翅白色，半透明，具丝绸光泽。前翅前缘及外缘各具 1 条黑褐色宽带。后翅外缘具 1 条黑褐色宽带。前、后翅缘毛均黑褐色。足大部白色。腹部白色，第 7 节和第 8 节黑褐色，腹部末端两侧具黄褐色鳞毛丛。

分布：湖北、河南、天津、江苏、浙江、安徽、福建、江西、山东、广东、广西、重庆、四川、云南、贵州、台湾；朝鲜、日本、越南、泰国、印度尼西亚、印度、法国、澳大利亚及萨摩亚群岛、斐济岛、塔希提岛、马克萨斯群岛、非洲大陆。

习性：取食锦葵科、豆科、葫芦科、五加科、梧桐科植物等。

9. 黄杨绢野螟 *Glyphodes perspectalis* (Walker, 1859)

特征：翅展 33～48mm。头部黑褐色，胸部白褐色杂棕色鳞片。前、后翅翅缘周具黑褐色宽带，其余部分白色带丝绢光泽，前翅中室内有 1 个小白点和 1 个新月形白斑。翅有时大部分黑色。腹部白色，末端深褐色。

分布：山东、山西、江苏、浙江、湖南、湖北、四川、广东、西藏；朝鲜、日本、印度。

习性：取食瓜子黄杨、雀舌黄杨、大叶黄杨。

10. 桑绢野螟 *Glyphodes pyloalis* Walker, 1859

特征：翅展 21～24mm。头顶白色，胸部背面棕褐色。翅基片白色，前翅白色，基部褐色，前缘具 1 条黄色纵带，亚外缘线宽，近前缘具内突齿，有时中室内近前缘具 1 个小黑点。后翅白色，半透明，外缘具 1 个棕黄色带，近臀角处具 1 个小黑点。足白色，前足腿节和胫节外侧黄色。腹部背面棕褐色，两侧白色。

分布：陕西、湖北、河南、江苏、浙江、福建、广东、贵州、四川、云南、台湾及东北地区；日本、越南、缅甸、印度、斯里兰卡。

习性：取食桑。

11. 四斑绢野螟 *Glyphodes quadrimaculalis* Bremer et Grey, 1853

特征：翅展 33～37mm。头、胸及腹部均黑褐色，两侧白色。前翅黑褐色，具 4 个透明白斑带紫色光泽。后翅白色带紫色光泽，外缘有 1 个黑色宽缘。前、后翅缘毛黑褐色至白色。

分布：黑龙江、吉林、河北、山东、湖北、浙江、福建、四川、广东、云南；朝鲜、日本、俄罗斯。

习性：取食柳属植物。

12. 棉褐环野螟 *Haritalodes derogata* (Fabricius, 1775)

特征：翅展 22～30mm。体大部分淡黄色，翅黄褐色。前翅中室具黑褐色圆环纹，下方具 1 个长黑褐色环纹，外横线黑褐色，缘毛淡黄色。后翅中室具细长黑褐色环纹，外横线黑褐色波浪状，缘毛淡黄色。腹部白色，各节前缘有深褐色至淡黄褐色条带。

分布：吉林、北京、河北、河南、山西、山东、陕西、江苏、浙江、湖北、湖南、安徽、福建、广西、云南、四川、贵州；日本、朝鲜、斯里兰卡及非洲、大洋洲。

习性：取食棉、苘麻、锦葵、木槿、芙蓉等。

13. 艾锥额野螟 *Loxostege aeruginalis* (Hübner, 1796)

特征：翅展 25～27mm。体大部白色杂茶褐色，胸白色，中央具 1 条茶褐色纵带。翅白色至淡黄白色。前翅中室有 1 个茶褐色长椭圆斑，翅前缘、中室外缘具黑褐色带，内缘至后角有 1 条黑褐色宽带，翅外缘具横黑褐色横带。后翅具 1 条褐色细带，1 条黑褐色宽带及 1 条黑褐色缘线。

分布：吉林、北京、河北、山西、陕西；欧洲。

习性：取食艾属植物。

14. 扶桑四点野螟 *Lygropia quaternalis* (Zeller, 1852)

特征：翅展 20mm。胸、腹部背面橘黄色，腹部各节后缘白色。翅黄白色，缘毛橘黄色。前翅亚基线、内横线均为橘黄色宽带，各横带前缘及中室端各具 1 个黑色斑点，外横线外弯，亚外缘线橘黄色。后翅内横线、外横线及亚外缘线均为橘黄色。

分布：华北、华东、华南及西南地区。

习性：取食扁担木、扶桑。

15. 豆荚野螟 *Maruca vitrata* (Fabricius, 1787)

特征：翅展 23.0～28.5mm。额棕褐色，两侧、正中和前缘各有 1 个白条纹。触角长，黄色或黄褐色。胸部棕褐色，腹面白色。前翅棕褐色或黑褐色，具镶黑边的不规则形透明斑，缘毛大部分灰褐色，近臀角处白色。后翅白色，半透明，外缘域具 1 条棕褐色或黑褐色阔带，缘毛灰褐色，臀角处白色。

分布：陕西、湖北、河南、北京、天津、河北、山西、内蒙古、江苏、浙江、安徽、福建、山东、湖南、广东、广西、海南、四川、贵州、云南、台湾；朝鲜、日本、印度、斯里兰卡、尼日利亚、坦桑尼亚、澳大利亚、美国（夏威夷）。

习性：取食豆科、禾本科植物。

16. 贯众伸喙野螟 *Mecyna gracilis* (Butler, 1879)

特征：翅展 20～24mm。头、胸及腹部黄褐色，前、后翅黄色。前翅中室内、下方各有 1 个紫褐色圆形斑纹，中室端具 1 个淡紫褐色方形斑纹，后、中线紫褐色锯齿状。后翅中室端具 1 个紫褐色条斑。前、后翅外缘具紫褐色宽带，缘毛大部灰白色，近基部灰褐色。腹部背面黄色，各节后缘白色。

分布：陕西、河南、北京、天津、河北、黑龙江、安徽、福建、江西、山东、湖北、台湾；朝鲜、日本、俄罗斯。

习性：取食贯众。

17. 四目扇野螟 *Nagiella inferior* (Hampson, 1898)

特征：翅展 21～27mm。体、翅淡褐色，略带紫色光泽。触角基部黄褐色，其余淡褐色。胸部背面和两侧、腹部背面淡褐色。前翅中室具白色圆斑，中室外侧斑白色肾形，外侧内陷形成缺刻。前后翅缘毛淡褐色。

分布：陕西、甘肃、山东。

习性：植食性。具有趋光性。

18. 楸蠹野螟 *Omphisa plagialis* (Wileman, 1911)

特征：翅展 33～36mm。头及胸部淡黄色，翅透明白色。前翅基部具褐色锯齿状双线，内横线黑褐色，中室内、外端各具 1 个褐色斑点，中室下方具 1 个大的近方形的褐色斑纹，外线处具 2 条黑褐色波纹，缘毛白色。后翅有 3 条黑褐色横线，缘毛白色。腹部淡黄色，各节边缘处带褐色。

分布：吉林、山东、北京、河北、江苏、浙江、陕西；日本、朝鲜。

习性：取食楸树。

19. 款冬玉米螟 *Ostrinia scapulalis* (Walker, 1859)

特征：翅展 22 ～ 33mm。体大部分黄褐色，额黄色，两侧具有乳白色纵条。下唇须下部白色，上部黄褐色。下颚须黄褐色。喙基部鳞片乳白色。胸部背面褐色，腹面污白色。

分布：天津、河北、河南、贵州、陕西、新疆、山东。

习性：取食苍耳、马铃薯等。

20. 枇杷扇野螟 *Patania balteata* (Fabricius, 1798)

特征：体中小型。体大部分黄褐色。下唇须弯曲上举，超过头的部分不及头长。下颚须丝状。前翅中、外线模糊，中室横斑不明显，略带紫色。

分布：河南、山东、浙江、福建、江西、湖北、四川、云南、西藏、陕西、台湾；朝鲜、日本、越南，印度尼西亚、印度、斯里兰卡及非洲。

习性：取食火炬树、黄栌、盐肤木、麻栎、栗、香苹婆等叶片。

21. 白蜡卷须野螟 *Palpita nigropunctlais* (Bremer, 1864)

特征：翅展 28 ～ 30mm。头部淡黄白色，胸、腹部白色至淡黄色，前翅、后翅白色半透明。前翅前缘具淡黄褐色细带，中室内近上缘处有 2 个黑斑，2A、Cu_2 脉间各有 1 个黑斑，脉端具 1 个黑点，缘毛白色。后翅中室下方 1 个黑斑，缘毛白色，脉端具 1 个黑点。

分布：山东、陕西、江苏、浙江、福建、台湾、云南及东北地区；朝鲜、日本、越南、印度尼西亚、印度、斯里兰卡、菲律宾。

习性：取食白蜡树、梧桐、丁香、橄榄、木樨、女贞等。

22. 黄斑紫翅野螟 *Rehimena phrynealis* (Walker, 1859)

特征： 翅展 17.5 ～ 21.0mm。体、翅紫褐色或暗紫褐色。触角褐色或黄褐色。胸、腹部背面紫褐色或暗紫褐色。前翅顶角前具 1 个近方形黄斑，具自后缘至前缘渐宽的黄色或浅黄色宽带，宽带外缘具锯齿，与黄色方形斑近，但不接触，外缘线橘黄色，缘毛橘黄色，后缘紫褐色。后翅淡褐色，缘毛黄褐色。足白色或黄白色。

分布： 湖北、河南、山东、天津、河北、北京、江苏、浙江、安徽、广东、海南、云南；韩国、澳大利亚。

习性： 成虫常见于 6 ～ 8 月。具有趋光性。

23. 甜菜青野螟 *Spoladea recurvalis* (Fabricius, 1775)

特征： 翅展 24 ～ 26mm。头部褐色，额带白斑，胸、腹部褐色，腹部环节白色，翅棕褐色至暗褐色。前翅中室有 1 条波纹状宽白带，周围深褐色。后翅具 1 条白带，周围深褐色。双翅缘毛黑褐色与白色相间。

分布： 吉林、北京、河北、山东、陕西、江西、云南、广东、台湾；日本、朝鲜、印度、斯里兰卡、印度尼西亚及非洲、美洲。

习性： 取食甜菜、藜、甘蔗、苋、茶树。具远距离迁飞行为。

24. 三环狭野螟 *Stenia charonialis* (Walker, 1859)

特征： 翅展 17 ～ 20mm。头、胸及腹部淡黄色，翅淡黄色至黄褐色。前翅内横线暗褐色，中室内及 Cu_2 脉基部具 1 个环纹，外缘暗褐色，中央淡黄色。后翅中室具 1 个外围暗褐色的淡黄色圆环纹。腹部各节后缘具白环。

分布： 吉林、黑龙江、山东、江苏、浙江、湖南；朝鲜、日本、俄罗斯。

习性： 具有趋光性。成虫常见于 7、8 月。

25. 葡萄卷叶野螟 *Sylepta luctuosalis* (Guenée, 1854)

特征：翅展约 31mm。头、胸部及前翅褐色。前翅灰黑褐色，基部有淡黄色纹，外侧淡黄色纹分成 2 支，中部 3 个淡黄色斑纹，中室中央斑方形，中室端外斑肾形。后翅灰黑褐色，中央有 2 个淡黄色纹，外缘黄色，宽大。

分布：吉林、黑龙江、山东、江苏、浙江、福建、陕西、云南、广东、台湾；俄罗斯、日本、朝鲜、印度。

习性：取食葡萄。

十三、羽蛾科 Pterophoridae

异羽蛾 *Emmelina* sp.

特征：体小型。体灰白色至黄白色。前翅翅面具 1 个小黑点，缘毛细长。后翅短且小。足浅白色。

分布：山东。

习性：植食性。

十四、鸠蛾科 Peleopodidae

凹宽蛾 *Acria ceramitis* Meyrick, 1908

特征：体小型。体灰褐色。唇须第 3 节等于或略长于第 2 节。前翅前缘具浅凹槽，其两侧的鳞片比平常长，R 缺失，CuA_1 与 CuA_2 分离，翅面具点状白斑。

分布：山东。

习性：植食性。

十五、尺蛾科 Geometridae

1. 萝摩艳青尺蛾 *Agathia carissima* Butler, 1878

特征：翅展 27 ～ 34mm。体大部分翠绿色，带有灰褐色鳞毛。头顶前半部黑褐色杂红褐色，后半部绿色。前翅外缘弱的波曲状，基部具灰褐色鳞毛，前缘淡黄白色杂黑色鳞毛，中线淡灰白色，外缘 1/4 处黑褐色至黄褐色。后翅外缘有紫褐色至黑褐色带，外缘具凸和小尾突。前后翅缘毛白色至淡褐色。

分布：山东、陕西、黑龙江、吉林、辽宁、内蒙古、北京、山西、河南、甘肃、浙江、湖北、湖南、四川、云南；俄罗斯、日本、印度、朝鲜。

习性：取食隔山消、萝摩。

2. 丝棉木金星尺蛾 *Calospilos suspecta* Warren, 1894

特征：翅展 34 ～ 42mm。头大部分黄色。翅污白色，具黄褐色大斑和淡灰色斑纹。前翅中部的灰斑多变化，有时扩展至中室下缘并与臀褶处灰斑相连，缘线上的斑点相连成带状，内缘不整齐。后翅前缘基部及中部各具 1 个灰斑，缘线处的斑点独立或部分连接。

分布：山东、陕西、甘肃、山西、上海、江苏、湖北、湖南、江西、四川、台湾。

习性：取食丝棉木、卫矛、榆及杨属植物、柳属植物。

3. 槐尺蠖 *Chiasmia cinerearia* (Bremer et Grey, 1853)

特征：翅展 40 ～ 44mm。体及翅灰白色至浅灰色，密布深灰褐色鳞片。前翅内线、中线及外线上端均外突，而后内斜至后缘，外线自前缘至 M_1 脉呈 1 条黑色斜纹，在 M_2 脉下方内侧及 M_3 脉下两侧翅脉间排列明显的黑斑，翅端部色深，顶角具 1 个大的浅斑。后翅中线直，外线微波曲，外侧色较深，中布小圆黑点。

分布：陕西、黑龙江、吉林、辽宁、北京、天津、河北、山西、山东、河南、宁夏、甘肃、江苏、安徽、浙江、湖北、江西、台湾、广西、四川、西藏；朝鲜、日本。

习性：取食刺槐、槐。

4. 文奇尺蛾 *Chiasmia ornataria* (Leech, 1897)

特征： 翅展 19 ～ 25mm。体翅浅褐色，底色浅，翅外横带上清晰可见数个黑色不规则斑纹。前翅前缘具 5 ～ 6 个大小不一的褐色斑，前、后翅外横线处具大片黑褐色至黑色斑纹聚成一块。

分布： 中国；韩国、日本。

习性： 植食性。成虫具趋光性。

5. 奇尺蛾 *Chiasmia* sp.

特征： 体中小型。体翅大部分浅灰褐色。雄性和雌性触角均为线形，雄性触角具纤毛，额不凸出，下唇须细。雄性后足胫节膨大，具毛束。前、后翅外缘中部凸出，后翅外缘略呈微波曲状。雄性前翅基部有时具泡窝。

分布： 山东。

习性： 植食性。成虫具趋光性。

6. 双斜线尺蛾 *Conchia mundataria* (Stoll, 1782)

特征： 翅展 33 ～ 38mm。头、胸及腹部白色，翅银白色且具光泽。雄性触角双栉状，雌性触角丝状。前翅前缘棕褐色带，自基部由宽变窄，一棕褐色带自顶角斜向后缘，另一棕褐色带斜向翅基，缘线较细，缘毛白色杂棕褐色。后翅白色，只有自顶角斜向后缘的 1 条棕褐色带，缘毛白色。

分布： 吉林、黑龙江、内蒙古、山东、陕西、江苏；朝鲜、日本、俄罗斯。

习性： 取食杨、栎属植物。

7. 木樟尺蛾 *Culculapanterinaria* Bremer et Grey, 1853

特征：翅展 112 ～ 140mm。雄性触角锯齿状，具纤毛簇，雌性触角线状。体大部黄色至黄白色。前翅基部具 1 个深灰褐色大斑，中室端点呈深灰褐色大斑，外线由数个深灰褐色斑点组成，斑点中部黄褐色。后翅白色，散布大小不一的深灰褐色斑，无基斑，中室端点、外线与前翅相似，外缘圆。腹部灰白色。

分布：四川、河南、河北、山西、山东、内蒙古、台湾；日本、朝鲜。

习性：取食木樟、核桃等。

8. 亚肾纹绿尺蛾 *Comibaena subprocumbaria* (Oberthür, 1916)

特征：翅展 20 ～ 28mm。体翅翠绿色。前翅缘线褐色，中点褐色，臀角具斑纹，外部褐色而中部白色，缘毛灰褐色与灰白色相间。后翅中点同前翅，缘线褐色，缘毛灰褐色与灰白色相间。可见暗绿色外线；翅端部褐斑近于消失。前翅臀角白斑略大，周围褐色较多。后翅顶角斑较大，下缘达 M_2，内缘圆滑。

分布：山东、陕西、北京、河北、河南、甘肃、江苏、浙江、湖北、江西、湖南、福建、海南、广西、四川、云南、西藏。

习性：取食胡枝子、茶树、罗汉松、杨梅、荆条等。

9. 幔折线尺蛾 *Ecliptopera silaceata* (Denis et Schiffermüller, 1775)

特征：翅展 24 ～ 26mm。体大部分黄褐色，胸部两侧褐色，翅褐色。前翅内线黄白色，中线与内线相似，均具突齿，外缘前部具钝角三角形状的淡黑褐色斑纹。腹部黄褐色。

分布：吉林、山东、黑龙江、北京、内蒙古；朝鲜、日本及欧洲。

习性：成虫常见于 6 ～ 8 月。

10. 埃尺蛾 *Ectropis* sp.

特征：体中型。体翅灰褐色。雄性触角锯齿形，每节具 2 对纤毛簇，雌性触角线形。下唇须尖端伸达额外。雌、雄性前翅外缘略呈弧形，后翅外缘呈微波曲，前翅外线外侧在 M_3 至 Cu_1 处具 1 个叉形斑块。雄性前翅基部具 1 个小泡窝，前翅 R_1 和 R_2 共柄。雄性后足胫节膨大。

分布：山东。

习性：植食性。成虫具趋光性。

11. 刺槐外斑尺蛾 *Ectropis excellens* Butler, 1884

特征：翅展 32～50mm，雌性体形较雄性更大。体大部分棕灰色杂浅褐色鳞片。翅面具多条波纹状横带，横带或不明显，前翅中部具 1 个黑褐色大斑，该斑中央灰褐色，外缘环布黑点。

分布：中国广泛分布；日本、印度、朝鲜、斯里兰卡、俄罗斯及欧洲。

习性：取食刺槐、枣等。

12. 小花尺蛾 *Eupithecia* sp.

特征：体小型。体翅大部分灰褐色，斑纹简单。雄性和雌性触角均为线形，额下半部凸出。后足胫节具 2 对距。前翅外缘强烈倾斜，后缘短于外缘。前翅具 2 个径副室，后翅中室端脉不为双折角。

分布：山东。

习性：植食性。成虫具趋光性。

13. 锈腰尺蛾 *Hemithea* sp.

特征：体中小型。体翅浅灰绿色。触角锯齿形，具长纤毛。前翅顶角尖，后翅外缘在 M_3 脉端有小尾突，后缘延长。前翅前缘具污白色窄带，散布褐色小点，前翅内线白色、细弱，波曲，前、后翅外线白色，缘线在脉端常呈浅色点状，具有翅缰。后足胫节仅具 1 对端距，且有短钝端突。

分布：山东。

习性：植食性。成虫具趋光性。

14. 尘尺蛾 *Hypomecis punctinalis* (Scopoli, 1763)

特征：翅展 44～50mm。体翅大部灰褐色。前翅内线黑色弧状，中线不清晰黑色，于 M 脉之间外突，M_3 之后内斜，中点黑扁圆形，中空，中线黑色锯齿状，于 M 脉之间略外突，M_3 后与中线平行，亚缘线不清晰灰白色，内侧衬具 1 条锯齿状黑线，缘毛灰褐色。后翅中线黑色，中点较小，其余斑纹与前翅近似。

分布：陕西、黑龙江、吉林、内蒙古、北京、山东、河南、宁夏、甘肃、安徽、浙江、湖北、湖南、福建、广东、广西、四川、贵州、云南、西藏、台湾；俄罗斯、日本、朝鲜及欧洲。

习性：植食性。成虫具趋光性。

15. 暮尘尺蛾 *Hypomecis roboraria* (Denis et Schiffermüller, 1775)

特征：翅展 46～64mm。体翅大部分灰褐色，形态与尘尺蛾近似，但本种前后翅中线粗且清晰，前翅内线及前、后翅外线均为黑色，前、后翅中点为不中空短条状。

分布：陕西、黑龙江、吉林、山东、内蒙古、河南、甘肃、浙江、江西、湖北、西藏、台湾；俄罗斯、日本、朝鲜半岛及欧洲。

习性：植食性。成虫具趋光性。

16. 上海枝尺蛾 *Macaria shanghaisaria* Walker, 1861

特征：翅展 21 ～ 25mm。体大部分黄白色至浅黄褐色。雄性触角短双栉形，雌性触角线形。前翅前缘具黑褐色斑纹，顶角下方翅缘及缘毛具黑褐色弧带，前翅顶角凸出，其下方明显凹，外缘中部凸，后翅外缘中部凸出成尖角，中线双线，于翅前缘呈黑斑，内线、外线均纤细，中点深灰色。后翅中部外缘突出。

分布：陕西、山东、上海；俄罗斯、朝鲜。

习性：取食杨属植物、柳属植物。

17. 凸翅小蛊尺蛾 *Microcalicha melanosticta* (Hampson, 1895)

特征：缘处清晰，中点小，亚缘线粗，臀角具 1 个大的黑斑，缘线于脉间呈黑褐短条状，缘毛灰黄色杂黑色。后翅外线和中线之间具黑色宽带，上端延伸至顶角处。

分布：陕西、山东、河南、甘肃、浙江、湖北、湖南、福建、广东、海南、广西、四川、云南、台湾；缅甸、印度。

习性：植食性。成虫具趋光性。

18. 角顶尺蛾 *Phthonandria emaria* (Bremer, 1864)

特征：翅展 36 ～ 40mm。体大部分浅灰褐色至红褐色。雌性触角线状，雄性触角双栉状。前翅具 2 条黑褐色横线，内线于中部外凸，外线呈波浪形，内线与外线之间较浅。后翅外线黑色，外衬褐色，外缘呈锯齿形。

分布：北京、内蒙古、河北、山西、山东、江西、湖南及东北地区；日本、朝鲜、俄罗斯。

习性：取食桑。

19. 苹烟尺蛾 *Phthonosema tendinosaria* (Bremer, 1864)

特征：翅展 61～83mm。体褐色杂灰色鳞毛，翅灰色。前翅基部具有灰黄色或灰褐色斑纹，后缘中部具深褐色斑，内、外横线及外缘线均为茶褐色波浪状，缘毛浅灰色。后翅外横线、外缘线深褐色波浪状，翅中部具 1 个深褐色肾形斑，缘毛浅灰色。

分布：黑龙江、内蒙古、四川、山东、吉林、陕西、湖北、浙江。

习性：取食栎属植物、青冈、苹果、桑、林檎、梨、杨属植物、栌、杜鹃、大波斯菊、刺槐、臭椿、板栗、核桃、大丽花等。

20. 岩尺蛾 *Scopula* sp.

特征：体小型。体翅大部分淡黄白色，翅面散布黑点。额不凸出，下唇须纤细，尖端伸达额外。前翅内、中及外线淡褐色。雄性外生殖器的钩形突和颚形突中突退化，背兜侧突发达，抱器瓣分叉，分为抱器背和抱器腹，囊形突宽。雄性后足胫节膨大，无距，具毛束。

分布：山东。

习性：成虫具有趋光性。

21. 肖二线绿尺蛾 *Thetidia chlorophyllaria* (Hedemann, 1879)

特征：翅展 30～34mm。体翅浅绿色，后翅色较前翅略浅。前翅顶角钝，外缘均光滑，前缘白色，内线白色且略呈弧状，外线白色，无中点，缘毛基半部绿色，端半部白色。后翅顶角圆，略凸，几乎无斑纹，中点不清晰，亚缘线细弱白色，缘毛基半部绿色，端半部白色。

分布：陕西、黑龙江、内蒙古、北京、河北、山西、山东、青海、四川；俄罗斯、日本。

习性：成虫常见于 8 月。

22. 紫线尺蛾 *Timandra comptaria* Walker 1862

特征：翅展 19～25mm。头、胸、腹部及翅淡黄褐色。前、后翅具 1 条红紫色斜纹，较直，前、后翅展开时斜纹相接，前、后翅外缘均具红紫色细线。后翅外缘具尾突。

分布：吉林、山东、北京；朝鲜、日本。

习性：取食萹蓄。

十六、网蛾科　Thyrididae

卷叶网蛾 *Striglina cancellata* (Christoph, 1881)

特征：延伸至翅基，翅反面色略深。后翅后缘色浅。腹部第 3 节背面近后缘处暗褐色。前足腿节鳞毛红、黑相间，胫节黑色，跗节黑色与白色相间。

分布：山东、江苏、江西、浙江、福建、四川、海南及东北地区；日本、朝鲜、印度及大洋洲。

习性：成虫白天常在伞形花科及山萝卜属花上栖息，夜间具趋光性。

十七、燕蛾科　Uraniidae

斜线燕蛾 *Acropteris iphiata* Guenée, 1857

特征：翅展 31mm。体白色。触角线形，具纤毛；下唇须短小。前翅银白色，具几组斜线且中间相隔呈 1 条斜白带，斜线浓褐色。前翅顶角处有 1 个黄褐斑，顶角略凸出，外缘光滑，臀角明显。翅面具棕色或褐色斜纹。前后足胫距 2 对。

分布：山东、云南、江苏、浙江、西藏；日本、印度、缅甸。

习性：取食萝藦、七层楼等萝藦科植物。

十八、钩蛾科 Drepanidae

宽太波纹蛾 *Tethea ampliata* (Butler, 1878)

特征：翅展 40～45mm。体大部分灰黄色。前翅底色白棕灰色，亚基线黑色锯齿状，内线棕色宽带状，具中央灰白色且镶黑褐色边的环纹，横脉斑内侧灰白色，镶黑褐色边，中具 1 条黑褐色横线，外线双线大齿状，亚缘线细的灰白色，翅顶端处具 1 个灰白色斑，缘线深棕色，缘毛白棕灰色杂深棕色点。后翅浅暗棕色，缘毛白色。腹部灰棕色。

分布：山西、内蒙古、黑龙江、吉林、辽宁、浙江、江西、山东、湖北、湖南、四川、云南、陕西、甘肃、台湾；朝鲜、日本、俄罗斯。

习性：取食栎属植物。

十九、枯叶蛾科 Lasiocampidae

李枯叶蛾 *Gastropachaquercifolia* (Linnaeus, 1758)

特征：翅展 40～81mm，雌性体形大于雄性。头、胸及腹部黄褐色，触角黑褐色，翅黄褐色至淡茶褐色。前翅外缘长波状，中室端具黑点，翅中部具 3 条波浪形褐色线，外缘波浪状。后翅前缘橙黄色，后缘区色稍淡，外缘波浪状。

分布：中国广泛分布；朝鲜、日本及欧洲。

习性：取食苹果、沙果、李、桃、杏、梨、樱桃、梅、核桃、杨、柳等。

二十、蚕蛾科 Bombycidae

野蚕蛾 *Theophila mandarina* Moore, 1872

特征：翅展 31～47mm。头、胸、腹及翅棕褐色。前翅外缘顶角内凹，下缘至中部有大且宽的深棕色带，其上有白色细线，中室具 1 个肾形窄纹，内线、外线棕褐色，横线明显，亚端线内斜。后翅中部具 1 条深棕色宽带，后缘具 1 个外围白线的新月形深棕色斑。雄性颜色比雌性更深。

分布：山东、北京、河北、陕西、甘肃、山西、河南、江苏、安徽、江苏、江西、湖北、湖南、广东、广西、云南、西藏、台湾及东北地区；日本、朝鲜、俄罗斯。

习性：取食桑、扶桑、柿、油柿、构树、栋树等。

二十一、天蚕蛾科 Saturniidae

1. 绿尾大蚕蛾 *Actias selene ningponana* Felder, 1862

特征：翅长 115～126mm。头、胸、腹部大部分雪白色，翅淡绿色。前翅及胸部的前缘有相连的棕红色横带，前、后翅横脉有 1 个眼形纹，中央呈 1 条透明横带，外侧黄褐色，内侧内部橙黄色，内侧外部黑色，间有红色月牙形纹。后翅 M_3 脉处延伸成尾形，长达 40mm，尾带末端常卷折。

分布：陕西、吉林、辽宁、山东、河北、河南、甘肃、江苏、浙江、湖北、江西、湖南、福建、广东、海南、广西、四川、云南、西藏、台湾；日本。

习性：取食柳、枫杨、栗、乌桕、木槿、樱桃、苹果、胡桃、樟树、楷木、梨、沙果、杏、石榴、喜树、赤杨、鸭脚木。

2. 樗蚕 *Samia cynthia* (Drurvy, 1773)

特征：翅展 127～130mm。头部白色。触角淡黄色，双栉形。颈片前缘、前胸后缘白色并被长绒毛。前翅内侧下方具黑斑，其上具白色闪电形纹，外线白色外凸，外侧具淡紫红色宽带，中室具较大的新月形半透明斑，前缘具黑边，下缘黄色。后翅与前翅近似，但内线及外线在前缘相连接，后缘具黄褐色长绒毛。腹部黄褐色，腹部与胸部间具 1 条白色横带。

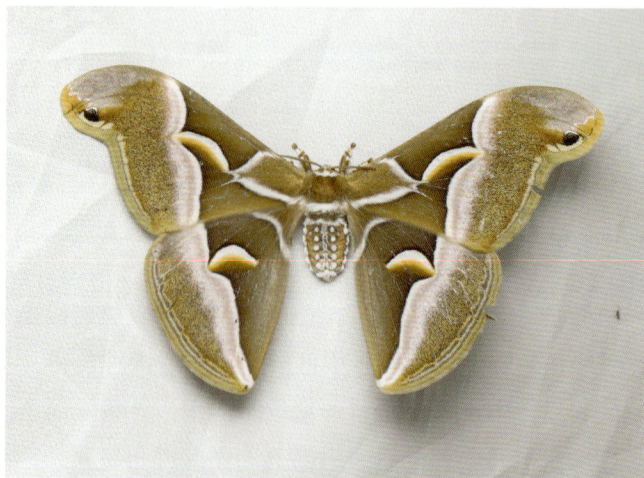

分布：陕西、吉林、辽宁、河北、山西、山东、河南、甘肃、安徽、湖北、浙江、江西、湖南、福建、广东、海南、四川、贵州、云南、西藏、台湾；朝鲜、日本。

习性：取食臭椿、乌桕、冬青、含笑、梧桐、樟树、野鸭椿、黄栎、泡桐、臭樟、喜树、虎皮楠、核桃、悬铃木、盐肤木、黄檗、黄连木、香椿。

二十二、天蛾科 Sphingidae

1. 葡萄缺角天蛾 *Acosmeryx naga* (Moore, 1858)

特征：翅展 105～110mm。体、翅灰褐色。下唇须茶褐色。触角褐色，被白色鳞毛。腹部各节具黑褐色横带。前翅横线黑褐色，亚缘线灰白色达到臀角，顶角端部缺，略微内凹，顶角内侧有深褐色三角形斑及灰白色月牙形纹，中室端近前缘有灰褐色盾形斑，前缘及外缘深灰褐色。后翅横线明显。

分布：陕西、辽宁、北京、河北、河南、山西、甘肃、安徽、浙江、江西、湖北、湖南、福建、广东、海南、四川、贵州、云南、西藏、台湾；俄罗斯、朝鲜、韩国、日本、越南、老挝、泰国、缅甸、印度、尼泊尔、巴基斯坦、马来西亚。

习性：取食葡萄、猕猴桃、爬山虎、葛藤。

2. 白薯天蛾 *Agrius convolvuli* (Linnaeus, 1758)

特征：翅展 90～100mm。体翅灰褐色，具褐色至黑色斑纹。肩片具黑色纵纹，后胸具倒"八"字形黑纹。雄性前翅具大小不一的斑，后翅具 4 条青褐色横带，缘毛白色与暗褐色相杂。雌性翅面几乎无斑点。腹部淡红色至深红色，第 1 腹节中间具灰白色毛，两侧各具 1 个肾形红斑。

分布：河北、河南、山东、安徽、山西、浙江、广东、台湾；日本、朝鲜、印度、俄罗斯、英国。

习性：取食旋花科植物、扁豆、赤小豆。具远距离迁飞行为。

3. 葡萄天蛾 *Ampelophaga khasiana* Rothschild, 1853

特征：翅展 85～100mm。体大部茶褐色。自前胸到腹部末端的背面具 1 条灰白色纵线。前翅顶角凸出，各横线均为黑褐色，中线较粗且弯曲，外线细波纹状，近外缘有不明显的深褐色带，顶角具 1 个较宽的三角形斑。后翅黑褐色，外缘及臀角附近各具 1 条茶褐色横带，缘毛色稍红。腹部红褐色。

分布：北京、河北、河南、山东、山西、江苏、浙江、江西、安徽、湖北、湖南、四川、广东、陕西、宁夏、云南、台湾及东北地区；日本、朝鲜、尼泊尔、印度。

习性：取食葡萄、黄荆。具远距离迁飞行为。

4. 榆绿天蛾 *Callambulyx tatarinovii tatarinovii* (Bremer et Grey, 1853)

特征：翅展长 70～80mm。体大部绿色，胸部背面黑绿色。翅绿色，前翅前缘顶角具有 1 个深绿色斑，中线、外线间相连，呈深绿色斑，外线为波状纹双线，反面近基部后缘淡红色。后翅红色，后缘白色，外缘淡绿色，臀角上具深色横条。腹部背面粉绿色，各节后缘均有 1 条黄褐色。

分布：陕西、黑龙江、吉林、辽宁、内蒙古、北京、天津、河北、山西、山东、河南、宁夏、甘肃、新疆、上海、江苏、浙江、湖北、江西、湖南、福建、四川、西藏；蒙古、俄罗斯、朝鲜、韩国、日本。

习性：取食榆、柳。

5. 红天蛾 *Deilephila elpenor* (Linnaeus, 1758)

特征：翅展 55～70mm。体翅大部分红色，有时玫红色、鲜红色及暗红色。腹部背线红色，两侧黄绿色，外侧红色，第 1 腹节两侧各具 1 个黑斑。前翅前缘及外线、亚缘线、外缘及缘毛均为暗红色，外线近顶角较细，向后渐粗，中室端有白色小点。后翅基半部黑色，端半部红色。

分布：陕西、黑龙江、吉林、辽宁、内蒙古、北京、河北、山东、山西、河南、甘肃、新疆、上海、江苏、安徽、浙江、湖北、江西、湖南、福建、四川、贵州、云南、西藏、台湾；蒙古、俄罗斯、朝鲜、韩国、日本、越南、泰国、印度、尼泊尔、不丹、孟加拉国、缅甸及欧洲、北美洲。

习性：取食凤仙花、千屈菜、蓬子菜、柳、兰、葡萄。

6. 绒星天蛾 *Dolbina tancrei* Staudinger, 1887

特征：翅长 30～35mm。体大部分灰色，杂白色鳞片。肩板有 2 条中部向内的弧形黑线。前翅内线、中线及外线均为深灰色波状，亚外缘线灰白色，中室具 1 个明显的白色星斑。后翅棕褐色，缘毛灰白色。腹部背线呈大黑点列，尾端黑点成斑，腹部腹面黄白色。

分布：黑龙江、北京、山东；朝鲜、日本、印度。

习性：取食木樨科的水蜡树、女贞等。

7. 小豆长喙天蛾 *Macroglossum stellatarum* (Linnaeus, 1758)

特征：翅展 48～50mm。头、胸部灰褐色。前翅灰褐色，反面前半暗褐色，后半橙色，内线、中线黑褐色曲线，外线不明显，中室上具 1 个黑色小点，后翅橙黄色，基部及外缘有暗褐色条带。腹部暗灰色，两侧具白色及黑色斑，尾毛黑褐色，呈刷状。

分布：吉林、辽宁、北京、内蒙古、河北、陕西、河南、山东、浙江、湖南、四川、广东、陕西、甘肃、青海、新疆、海南；日本、朝鲜、越南、印度及欧洲等。

习性：取食茜草科、小豆、蓬子菜、土三七等。

8. 枣桃六点天蛾 *Marumba gaschkewitschi gaschkewitschi* (Bremer et Grey, 1853)

特征：翅展 80～120mm。体大部分棕褐色，胸部背面灰褐色，背线深褐色。前翅内横线黑褐色双线，中横线、外横线黑褐色，近臀角处具 1～2 个深褐色斑，翅缘处色深，黑褐色，边缘呈波浪状。后翅大部黄褐色至粉红色，近臀角处具 2 个黑褐色斑。腹部及翅灰褐色。

分布：吉林、北京、内蒙古、河北、陕西、河南、山东、江苏、陕西、湖北；俄罗斯、蒙古。

习性：取食桃、枣、樱桃、苹果、梨、杏、李、葡萄、枇杷、海棠等。

9. 构月天蛾 *Parum colligata* (Walker, 1856)

特征：翅长 35～80mm。体和翅大部褐绿色，胸部肩板棕褐色。前翅基线灰褐色，内线与外线之间呈比较宽的茶褐色带，中室末端具 1 个白点，外线暗紫色，顶角具 1 个弧状暗紫色斑，呈月牙形，顶角至后角间具弧形白色条带。后翅浓绿色，外线色浅，后角具 1 个棕褐斑纹。

分布：河北、北京、辽宁、吉林、山东、河南、湖南、广东、广西、海南、四川、贵州、台湾；韩国、日本、印度、斯里兰卡、缅甸。

习性：取食构树、桑。

10. 雀纹天蛾 *Theretra japonica* (Orza, 1869)

特征：翅展 59～80mm。体和翅大部褐色。头部、胸部两侧具白色鳞毛，背部中央具白色纵条，背线两侧各具 1 条橙黄色纵条。前翅黄褐色杂橄榄绿色调，自顶角至后缘方向具 6 条暗褐色至黑褐色斜纹，中室端具 1 个小黑点。后翅黑褐色，近臀角处具灰黄褐色三角斑，外缘黄绿色。

分布：陕西、黑龙江、吉林、辽宁、内蒙古、北京、河北、山东、河南、甘肃、宁夏、青海、上海、江苏、安徽、浙江、湖北、江西、湖南、福建、广东、海南、广西、四川、贵州、云南、台湾；俄罗斯、朝鲜、韩国、日本。

习性：取食葡萄、野葡萄、常青藤、白粉藤、爬山虎、虎耳草、绣球花。具远距离迁飞行为。

二十三、木蠹蛾科 Cossidae

榆木蠹蛾 *Yakudza vicarius* (Walker, 1865)

　　特征：翅展 45.5 ～ 86.0mm。体大部分灰褐色，头顶毛丛、领片和翅基片暗褐灰色。中胸背板白色，近后缘有 1 条黑横带。前翅底色较暗，端部散布黑色网纹，前翅顶角钝圆，中室末端的横脉上具 1 个很明显的白斑，亚外缘线明显。后翅中室浅白色，其余黑灰色，端部具细且弱的条纹。

　　分布：陕西、甘肃、河南、北京、天津、河北、山西、内蒙古、辽宁、吉林、黑龙江、上海、江苏、安徽、山东、四川、云南、宁夏；朝鲜、越南、日本、俄罗斯。

　　习性：取食榆树、刺槐、杨属植物、栎属植物、麻栎、柳属植物、丁香罗勒、稠李、银杏、苹果、花椒及金银花等。

二十四、豹蠹蛾科 Zeuzeridae

多斑豹蠹蛾 *Zeuzera multistrigata* Moore, 1881

　　特征：展翅 40.5 ～ 68.0mm。体白色。触角黑色，基半部双栉状，长栉齿的腹面有白毛，端半部锯齿状。胸背板左右各具 3 个黑色大圆斑。前翅底白色，具极多闪蓝光的黑斑点、条纹。足基节侧面黑色，每侧有 3 条黑色横纹，足黑色，有绿色光泽，腿、胫节腹面有白毛。

　　分布：陕西、河南、湖北、山东、辽宁、上海、浙江、江西、广西、四川、贵州、云南；日本、缅甸、印度、孟加拉国。

　　习性：取食核桃、枣、酸枣、山楂、石榴、柿、杏、杨属植物、白杨、刺槐、栎、梨、日本柳杉等。

二十五、灯蛾科 Arctiidae

1. 广鹿蛾 *Amata emma* (Butler, 1876)

特征: 翅展 24 ~ 36mm。头、胸、腹部黑褐色,颈板黄色。触角线状。翅黑褐色,具透明斑纹,前翅 M_1 斑近方形, M_2 斑梯形, M_3 斑圆形或菱形, M_4、 M_5 及 M_6 斑均狭长。后翅后缘基部带黄色调,前缘区下方具有 1 个较大的透明斑、于 Cu_2 脉处凹陷,翅顶的黑边宽。腹部背、侧面各节均具黄带,腹面黑褐色。

分布: 河北、陕西、山东、江苏、浙江、福建、江西、湖北、湖南、广东、广西、四川、贵州、云南、台湾;日本、印度、缅甸。

习性: 成虫具趋光性。常见于 6 ~ 8 月。

2. 枝泥苔蛾 *Pelosia ramosula* (Staudinger, 1887)

特征: 体中小型。体灰褐色。下唇须平伸,额被粗鳞,足胫节距正常,腹被粗毛,前翅前缘向上拱起,外缘圆,2 脉从中室中部伸出、基部曲,5 脉缺,7 脉与 8 脉共柄,9 脉缺,10 脉丛中室伸出,11 脉与 12 脉并接。

分布: 江苏、云南、福建、广东、山东;韩国、日本、俄罗斯。

习性: 成虫具趋光性。

3. 白雪灯蛾 *Chionarctia nivea* (Ménétriès, 1859)

特征: 翅展 55 ~ 80mm。体白色。翅狭长,翅脉色稍深,中室端具黑斑。后翅横脉纹黑褐色。腹部白色,侧面除基节及端节外均有红斑,背面黑点小。触角栉齿状黑色。前足基节红色且具黑斑,各足腿节上方红色。

分布: 黑龙江、吉林、辽宁、河北、内蒙古、陕西、河南、山东、浙江、福建、江西、湖北、湖南、广西、四川、贵州、云南;日本、朝鲜。

习性: 取食高粱、大豆、小麦、车前草、蒲公英等。

4. 美国白蛾 *Hyphantria cunea* Drury, 1773

特征：翅展 28～38mm。体白色，翅基片及胸部有时具黑纹，前足基节橘黄色，具黑斑。雄性体色多变，翅从纯白色无斑点至散布或密布的黑色或浅褐色斑，后翅通常白色无斑，有时中室端具 1 个黑点。雌性前、后翅均为白色，通常无斑点。腹部背面黄色或白色，背面、侧面各具 1 列黑点。

分布：黑龙江、吉林、辽宁、北京、河北、天津、山东、江苏、安徽、河南、内蒙古、湖北、山西、陕西；加拿大、美国、匈牙利、捷克斯洛伐克、罗马尼亚、保加利亚、奥地利、乌克兰、俄罗斯、波兰、法国、日本、韩国。

习性：取食糖槭、桑、白蜡、杨属植物、柳属植物、法国梧桐、苹果等。

5. 污灯蛾 *Spilarctia* sp.

特征：体中型。体黄色至深黄色。头部、胸部被粗毛。雄性前翅前缘具黑边，翅面散布黑点；后翅红色，缘毛黄色。雌性前翅大部分黑点由暗褐色代替；后翅红色，具黑色中带。腹部橙红色至红色，背面及侧面具 1 列黑点。

分布：山东。

习性：取食酸模属、车前属等植物。

6. 人纹污灯蛾 *Spilarctia subcarnea* (Walker, 1855)

特征：翅展 40～52mm。体白色。雄性触角黑色锯齿形，足黄白色，前足基节侧面和腿节上方红色，胫节和节有黑带或黑斑，腹部背面除基节与端节外其余红色，腹面黄白色，背面、侧面及亚侧面各有一列黑点。前翅两翅黑点相连呈"人"字形。后翅红色，缘毛白色。

分布：黑龙江、吉林、辽宁、河北、山西、内蒙古、陕西、河南、山东、安徽、江苏、浙江、福建、江西、湖北、湖南、广东、广西、四川、贵州、云南、台湾；日本，朝鲜，菲律宾。

习性：寄生于桑、木槿、十字花科蔬菜、豆类等。

7. 玫痣苔蛾 *Stigmatophora rhodophila* (Walker, 1865)

特征：翅展 22～28mm。体大部分黄色。前翅内线于前缘下方折角，内线内方有 5 个暗褐色短纹路；中线于中室及亚中褶处稍向外折角，于 1 脉处内折，然后向外曲至后缘，其外在中室末端有一些暗褐色；外线 1 列暗褐色带位于脉间，在前缘下方外曲及在 4 脉下方内曲，前缘及端区强烈染红色。

分布：黑龙江、吉林、河北、山西、陕西、山东、河南、江苏、浙江、湖北、湖南、广西、四川；日本、朝鲜。

习性：取食牛毛毡。

二十六、舟蛾科　Notodontidae

1. 杨二尾舟蛾 *Cerura menciana* Moore, 1877

特征：翅展 54～76mm。体灰白色，具紫褐色调，胸背具 2 列黑点，每列 6 个，翅基片具 2 个黑点。前翅翅脉黑褐色，布黑色斑纹，具 3 个黑点。后翅灰白色微带紫色，翅脉黑色。腹部背面黑色，第 1～6 节中央具灰白色纵带，两侧各具 1 个黑点，末端两节灰白色，中央具 4 条黑纵线，两侧黑色。

分布：中国广泛分布（除新疆、贵州和广西外）；日本、朝鲜、越南。

习性：取食杨、柳属植物。

2. 栎纷舟蛾 *Fentonia ocypete* (Bremer, 1861)

特征：翅展 44～52mm。头和胸部褐色与灰白色混杂。前翅暗灰褐色，有时稍带暗红褐色，内线不清晰，呈黑色浅波浪状双线，外线黑色外弯，呈浅锯齿至深锯齿状双线，横脉纹与外线之间具 1 个模糊的棕褐色至黑色大的椭圆形斑，亚端线不清晰暗褐色锯齿状，端线黑色细单线。后翅苍灰褐色至灰白色。腹部灰褐色。

分布：陕西、黑龙江、吉林、山东、北京、山西、甘肃、江苏、浙江、湖北、江西、湖南、福建、广西、四川、重庆、贵州、云南；俄罗斯、朝鲜、日本。

习性：取食日本栗、麻栎、柞栎、枸栎、蒙栎。

3. 钩翅舟蛾 *Gangarides dharma* Moore, 1865

特征：翅展 62～83mm。体灰黄色杂褐色鳞片，头顶、胸部背面及前翅基半部略带浅朱红色。前翅具 3 条清晰的暗褐色横线，亚基线波浪状，内线于中室前向外弯曲，中线于横脉处外弯，外线于 Rs 脉向后缘弯曲，亚端线不清晰波浪形，横脉纹为 1 个白点。后翅黄色，密布淡红色长毛，具 1 条不清晰暗褐色外带。

分布：北京、辽宁、浙江、福建、江西、山东、湖北、湖南、广西、海南、四川、云南、西藏、陕西、甘肃、香港；朝鲜、孟加拉国、印度、泰国、越南、缅甸。

习性：取食紫藤、核桃。

4. 扁齿舟蛾 *Hiradonta* sp.

特征：体中型。喙退化，下唇须短。复眼具毛，雄性触角基部 2/3 锯齿形，端部 1/3 线形；雌性触角线形。胸部背面无冠形毛簇，后足胫节有 2 对距。腹部长，约有 1/3 伸过后翅臀角。前翅宽，前缘直，近翅顶处微拱，翅顶略尖，外缘斜曲度小，微锯齿形，后缘中央具齿形毛簇。

分布：山东。

习性：成虫具趋光性。

5. 杨小舟蛾 *Micromelalopha sieversi* (Staudinger, 1892)

特征：翅展 22～26mm。体色多变，通常黄色、黄褐色、红褐色和暗褐色。前翅较狭，前翅后缘和顶角色较暗，具 3 条细的灰白色横线，横线两侧衬暗边，亚基线微波浪状，内线外斜后呈屋脊状分岔，外线波浪状，亚端线由 1 列脉间黑点组成，波浪形，横脉纹为 1 个小黑点。后翅臀角具 1 个红褐色小斑，横脉纹为 1 个小黑点。

分布：北京、陕西、吉林、黑龙江、山东、江苏、浙江、安徽、江西、湖北、湖南、四川、云南、西藏；日本、朝鲜、俄罗斯。

习性：取食杨、柳属植物。

6. 榆掌舟蛾 *Phalera angustipennis* Mstsumura, 1919

特征：翅展 42 ～ 60mm。头顶、颈板黄褐色，胸部背面前半部黄褐色，后半部灰白色，后胸具 2 条深褐色横线。前翅灰褐色，带银色光泽，顶角斑淡黄白色掌形，斑前缘具 3 个暗褐色斜点，横脉纹黄白色肾形，中央灰褐色，缘毛棕色。后翅暗褐色，缘毛除端脉棕色外，其余黄白色。腹部背面黄褐色，末端两节各有 1 条黑色横带。

分布：北京、河北、江苏、山东、湖南、陕西、甘肃、台湾；日本、朝鲜。

习性：取食榆、栎属植物。

7. 刺槐掌舟蛾 *Phalera grotei* Moore, 1859

特征：翅展 62 ～ 102mm。体大部分暗褐色至黑褐色，触角基毛簇和头顶白色，颈板灰黄褐色，后缘具 2 条横线，胸部背面暗褐色，具黑褐色横线。前翅基部前半部和臀角附近的外缘带灰白色，顶角斑暗棕色掌形，横脉纹灰白色肾形，缘毛棕色。后翅暗褐色，缘毛除了脉端较暗，其余灰褐色。腹部背面棕褐色至黑褐色，末端 2 节灰色。

分布：云南、北京、河北、辽宁、江苏、浙江、安徽、福建、江西、山东、湖北、湖南、广东、广西、海南、四川、贵州；朝鲜、印度、尼泊尔、缅甸、越南、印度尼西亚、马来西亚。

习性：取食刺槐、刺桐。

8. 槐羽舟蛾 *Pterostoma sinicum* (Moore, 1877)

特征：翅展 56 ～ 80mm。头和胸部淡黄色杂褐色鳞毛，颈板前、后缘褐色。前翅黄褐色至灰黄白色，后缘毛簇暗褐色至黑褐色，梳状，翅脉黑褐色，脉间具褐色纹，缘毛除脉端黄褐色外，其余黄褐色。后翅浅褐色至黑褐色，缘毛黄褐色。腹部暗灰褐色，末端黄褐色。

分布：北京、河北、山西、辽宁、上海、江苏、浙江、安徽、福建、江西、山东、湖北、湖南、广西、四川、云南、西藏、陕西、甘肃；朝鲜、日本、俄罗斯。

习性：取食槐、刺槐、多花紫藤、朝鲜槐。

二十七、夜蛾科 Noctuidae

1. 中圆夜蛾 *Acosmetia chinensis* (Wallengren, 1860)

特征：翅展 24～30mm。体大部分红褐色。触角丝状。前翅前缘略外弯，顶角稍钝，外缘外弯，环纹、肾纹均为银灰色，肾纹不明显云纹状，缘毛红褐色杂褐色。后翅灰褐色。

分布：湖北、山东、四川、黑龙江、河北；日本、印度。

习性：成虫具趋光性。

2. 桑剑纹夜蛾 *Acronicta major* (Bremer, 1861)

特征：翅展 60～66mm。头、胸部及前翅灰白色带褐色。前翅基剑纹与端剑纹为黑色，前者端部分支；内线与外线均为黑色双线；环纹、肾纹灰色带黑边，后者前方有黑斜纹。后翅浅褐色，外线可见。

分布：陕西、黑龙江、河南、山东、湖北、湖南、四川、云南；俄罗斯、日本。

习性：取食香椿、桑、桃、李、梅、梨等。

3. 剑纹夜蛾 *Acronicta* sp.

特征：体中型。喙发达，下唇须斜向上伸，第 2 节约达额中部，第 3 节短小，额光滑无突起，复眼大，圆形。触角扁。胸部被毛或杂线状鳞，或只被鳞片，无毛簇。前翅有 1 个副室；后翅 5 脉微弱后翅 M_2 脉弱。

分布：山东。

习性：成虫具趋光性。

4. 银纹夜蛾 *Agrapha agnata* (Staudinger, 1892)

特征：翅展 32～36mm。头部、胸部及腹部灰褐色。前翅深褐色，具金色条带，亚基线、内线为银色，Cu_2 脉基部具 1 个 "心" 形斑纹，中央褐色，镶银色边，外后方具 1 个不规则银色斑，肾纹褐色，外线为褐色波浪状双线，亚缘线黑褐色锯齿状，缘毛中央具 1 个黑斑。后翅暗褐色。

分布：中国广泛分布；俄罗斯、朝鲜、日本、缅甸、印度、菲律宾、印度尼西亚、美国（夏威夷）、澳大利亚及亚洲西部、欧洲、非洲。

习性：取食大豆及十字花科植物。具远距离迁飞行为。

5. 白条夜蛾 *Agrapha albostriata* (Bremer Grey, 1853)

特征：翅展 30mm。头部及胸部褐色，颈片具黑线，胸部具 "V" 形黑褐色毛丛。前翅大部深褐色，亚基线、内线及外线均为黑褐色，内、外线之间色深，具 1 个褐白色条纹自中室沿 Cu_2 脉斜伸至外线，肾纹黑边，亚缘线为黑褐色，锯齿形。后翅淡褐色。腹部暗褐色，具黑褐色毛丛。

分布：山东、陕西、河北、甘肃、湖北、广东；朝鲜、日本及非洲。

习性：取食菊科植物。具远距离迁飞行为。

6. 小地老虎 *Agrotis ipsilon* (Hüfnagel, 1766)

特征：翅展 48mm。头、胸及前翅褐色至黑灰色。前翅翅脉黑色，亚基线、内线、中线及外线均为黑色双线，亚缘线灰白色锯齿形，内侧具 2 个楔形黑纹，外侧为 2 个黑点，肾纹、环纹深褐色，肾纹外端具 1 个楔形黑纹，亚缘线为黑色波浪状双线，缘线灰白色。后翅半透明白色。腹部灰褐色。

分布：中国广泛分布。世界广泛分布。

习性：取食棉花、玉米、高粱、烟草、春麦、豌豆、麻、马铃薯等。具远距离迁飞行为。

7. 黄地老虎 *Agrotis segetum* (Denis et Schifferrnüller, 1775)

特征：翅展 36mm。头部、胸部及翅浅褐色。雌雄触角均为双栉形，端部渐细呈线状。前翅亚基线、内线为黑色，肾纹、环纹椭圆形，镶黑色边，肾纹外端略尖，中线黑色且外斜，外线黑色波浪状，亚缘线为黑色波浪状双线，双线之间灰褐色，缘线灰白色。后翅半透明白色。

分布：中国广泛分布；朝鲜、日本、印度、欧洲、非洲。

习性：取食棉花、玉米、高粱、烟草、小麦、甜菜、麻、马铃薯、瓜苗等。具远距离迁飞行为。

8. 亚奂夜蛾 *Amphipoea asiatica* (Burrows, 1912)

特征：翅展 28～30mm。头、胸浅黄褐色至红褐色，前翅黄褐色至红棕色，基线、内线均为黑褐色波浪状，二线外斜，不明显，环纹黄色，肾纹浅黄色，中线黑褐色，外线为黑褐色波浪状双线，亚端线为黑褐色模糊锯齿状。后翅灰褐黄色。腹部褐色。

分布：新疆、山东、山西、陕西、四川、新疆、云南及东北地区；日本及亚洲中部地区。

习性：成虫具趋光性。

9. 北奂夜蛾 *Amphipoea ussuriensis* (Petersen, 1914)

特征：翅展 36mm。体大部褐黄色，前翅略带红色。前翅基线为暗棕色双线，内线为暗棕色波浪形双线，外线暗褐色锯齿形双线，中线、亚端线褐色，翅脉黑褐色。后翅黄褐色。

分布：山东、黑龙江、辽宁；日本。

习性：成虫具趋光性。

10. 中桥夜蛾 *Anomis mesogona* (Walker, 1857)

特征：翅展 38mm。头、胸及前翅暗红褐色。前翅基线不清晰褐色，内线褐色，自前缘脉外斜至中室后缘，折角内弯，于 1 脉后外斜，环纹明显，肾纹暗灰色，前、后端各具 1 个圆形黑斑，外线褐色，自前缘脉呈波曲状外弯，于 3 脉处伸至肾纹后端，亚端线褐色。后翅褐色。腹部暗灰褐色。

分布：黑龙江、河北、山东、浙江、湖北、湖南、福建、海南、贵州、云南；日本、朝鲜、印度、斯里兰卡、马来西亚。

习性：取食悬钩子、醋栗、棉、木芙蓉、柑橘等。成虫吸食果汁。

11. 二点委夜蛾 *Athetis lepigone* (Möschler, 1860)

特征：翅展 20mm。雌性体形略大于雄性。头、胸、腹及前翅灰褐色。前翅密布暗褐色细点，内线、外线暗褐色波浪形，环纹为 1 个黑点，肾纹呈散状小黑点，外侧中部凹陷并具 1 个白点，外线波浪形，翅外缘具 1 列黑点。后翅淡褐色至白色。腹部灰褐色。

分布：吉林、河北、山东、山西、河南、江苏、浙江、安徽；朝鲜、日本、俄罗斯及欧洲。

习性：取食玉米、花生、小麦、大豆、棉叶、高粱、白菜、萝卜、苋菜、马齿苋等。具远距离迁飞行为。

12. 线委夜蛾 *Athetis lineosa* (Moore, 1881)

特征：翅展 24～38mm。头部、胸部灰褐色至褐色。前翅浅褐色，翅脉有暗褐色，环纹为 1 个黑点，肾纹为 1 个白点，前方具 1 个白点，中线、亚缘线模糊不清晰。后翅灰褐色，缘毛黄白色。腹部灰褐色。

分布：陕西、山东、甘肃、河北、河南、浙江、湖北、湖南、福建、海南、四川、云南；日本、印度。

习性：取食牛膝、牛筋草、竹叶草、椴树、翠菊、蒲公英、艾草、刺夢、酸模、日本打碗花、爵床科、旋花科及莴苣属植物。

13. 纬夜蛾 *Atrachea nitens* (Butler, 1878)

特征：翅展 38mm。头部及胸部灰黄色至灰褐色，杂黑褐色鳞毛。前翅灰褐色杂灰绿色，亚基线、内线和外线均为黑色双线，外线锯齿状，中线为黑色锯齿状，亚缘线为灰白色锯齿状，内衬黑色，剑纹、环纹和肾纹均为霉绿色。后翅深灰褐色至黑褐色，近臀角处有浅黄色纹。腹部深灰褐色。

分布：山东、陕西、浙江、湖南；日本。

习性：成虫具趋光性。

14. 旋歧夜蛾 *Anarta trifolii* (Hufnagel, 1766)

特征：翅展 31～38mm。体大部分灰褐色。前翅灰色或淡褐色；剑纹褐色，镶黑边；环纹灰黄色，镶黑边；肾纹灰色，镶黑边；外横线为黑色锯齿状外弯双线；亚缘线暗灰色不规则锯齿状，于 Cu_1 脉及 M_3 脉处呈较大的外突齿，几乎延伸至翅外缘，线内方及脉间有 1 列齿形黑纵纹；缘线为 1 列黑点。后翅前缘区及端区暗褐色。

分布：辽宁、河北、北京、山东、内蒙古、陕西、甘肃、宁夏、青海、新疆、西藏；欧洲、非洲（北部）、北美洲、亚洲。

习性：取食棉花、白菜、甜菜、灰藜等。

15. 俄印夜蛾 *Bamra exclusa* (Leech, 1889)

特征：翅展 41～48mm。体大部分褐色，头部暗褐色，胸部褐色至黑褐色。触角线状，黄褐色至黑褐色。前翅褐色，各横线黑色波浪状，外缘略呈弧形，中部外侧具 1 个三角形黑褐色斑纹，内衬黑色纵纹，端部横线锯齿状。后翅褐色至黄色，横线暗褐色。腹部褐色。

分布：江苏、山东、广东、海南；日本。

习性：成虫具趋光性。

16. 霉暗巾夜蛾 *Bastilla maturata* (Walker, 1858)

特征：翅展 50～56mm。头、颈板深褐色带紫调。前翅紫灰色，内线暗褐色，直线外斜，中线直，外线黑棕色，于 M_1 处呈尖锐的突齿状；亚缘线灰白色锯齿状，在翅脉上为白点；顶角具有 1 个棕黑色斜纹。后翅暗褐色，端区带紫灰色。腹部暗灰褐色。

分布：陕西、甘肃、山东、河南、江苏、浙江、台湾、福建、江西、海南、四川、贵州、云南；日本、朝鲜、印度、马来西亚。

习性：取食重阳木。

17. 角斑畸夜蛾 *Bocula bifaria* [Walker, (1863) 1864]

特征：翅展 30mm。体翅大部分灰褐色。前翅密布黑褐色细点，内线黑褐色且内斜；中线黑褐色，略内弯；肾纹仅呈微弱黑褐色细纹；外线黑褐色，与中线近乎平行，端区具 1 个褐黑色不规则斑纹，略呈 2 个相连的三角形斑纹；缘毛棕黑色。后翅灰褐色。

分布：海南、山东；印度尼西亚及加里曼丹岛。

习性：成虫具趋光性。

18. 胞短栉夜蛾 *Brevopecten consanguis* Leech, 1900

特征：翅展 28mm。头部灰褐色，胸部灰褐色。前翅褐色杂灰白色；肾纹灰褐色镶黑褐色边，内侧具 1 个砧形黑棕色斑；外线黑色，于 M_1 处呈钝圆弯曲，外线前端外侧具 1 个黑棕色近三角形斑纹，后缘钝圆，端线黑棕色。后翅灰褐色。腹部背面褐灰色，腹面灰黄色。前、中足胫节及跗节外侧褐黑色。

分布：山东、陕西、江苏、湖北、湖南、福建、海南、广西、四川、云南。

习性：成虫常见于 5～8 月。

19. 木俚夜蛾 *Deltote nemorum* (Oberthür, 1880)

特征： 翅展 19～21mm。体大部分黑褐色杂褐色，胸部背面黑褐色略杂灰色。前翅黑褐色，布有黑色细点并带有紫灰色调；剑纹、环纹及肾纹均小，中央白色，镶黑色边，其中环纹中有灰色圆点，肾纹中有暗灰色纹，外线黑色外斜，后锯齿状，外线外侧有白色宽条纹；翅外缘有 1 列黑点，缘毛黑色略杂白色。后翅灰褐色，缘毛白色。腹部黄褐色，毛簇黑色。

分布： 山东、黑龙江、新疆、山西；日本、朝鲜、俄罗斯。

习性： 成虫具趋光性。

20. 灰歹夜蛾 *Diarsia canescens* (Butler, 1878)

特征： 翅展 38～40mm。头、胸红褐色。前翅黄褐色，基线、内线及外线均为黑色双线，中线较粗；剑纹呈端部 1 个黑点，环纹、肾纹黄灰色；亚端线浅黄色锯齿状，端区色暗。后翅与腹部均为灰褐色。

分布： 山东、黑龙江、内蒙古、青海、新疆、河北、河南、湖北、江西、四川；日本、朝鲜、印度、缅甸及欧洲。

习性： 取食山毛榉等。

21. 分歹夜蛾 *Diarsia deparca* (Butler, 1879)

特征： 翅展 40mm。头部大部分褐色杂白色鳞毛，胸部浅棕红色。前翅色多样，雄性尤其多变，棕黄色杂褐色至红褐色或紫褐色；基线、内线及外线均为双线，内线褐色，外线褐色波浪状；剑纹基部、端部均为黑点，环纹、肾纹褐灰色，下部有暗色点；中线模糊，亚端线黄色，中段弧形。后翅灰褐色。腹部灰褐色。

分布： 山东、四川、云南、西藏；日本、印度、斯里兰卡。

习性： 取食低等草本植物。

22. 曲带双衲裳蛾 *Dinumma deponens* Walker, 1858

特征：翅展 34mm。体大部分黑褐色。前翅深褐色，密布暗褐色细点；亚基线黑褐色短条，内线波浪状外斜，内侧衬白色，外线波曲，内线与外线之间呈黑色宽带状，外线外侧衬白色，外方有 1 条弧度与外线相仿的模糊黑褐色线；亚缘线灰白色锯齿状，翅端部具黑点，近翅外缘具 1 列白点。后翅灰褐色。

分布：陕西、山东、河南、江苏、浙江、湖南、福建、江西、广东、广西、云南；日本、朝鲜、印度。

习性：取食合欢。

23. 钩白肾夜蛾 *Edessena hamada* (Felder et Rogenhofer, 1874)

特征：翅展 40～46mm。头部、胸部及翅灰褐色。前翅内线暗褐色，环纹为 1 个白点，肾纹白色弯钩状，外线呈暗褐色不规则锯齿状；亚缘线呈不明显暗褐色锯齿状，亚端线呈暗褐色波浪形。后翅灰褐色，外线暗褐色，中室具 1 个白点。腹部暗灰褐色。

分布：吉林、辽宁、河北、湖南、山东、江西、福建、四川、云南；日本。

习性：成虫具趋光性。

24. 谐夜蛾 *Emmelia trabealis* Scopoli, 1763

特征：翅展 19～22mm。头、胸部暗赭色，额、颈板基部黄白色。前翅黄色，中室后、第 1 脉各具 1 条黑褐色纵条，伸达外横线，环纹、肾纹为 1 个黑点，外横线黑灰色外斜，前缘区具 4 个黑色小斑；亚缘线黑褐色杂白色鳞片斜出，后半部间断，于 M_2 处为 1 个小黑点，于臀角处为 1 条曲纹。后翅暗褐色。腹部黄白色，背面微带褐色。

分布：吉林、黑龙江、河北、山东、新疆、江苏、广东；叙利亚、伊朗、日本、朝鲜、阿富汗及欧洲、非洲。

习性：取食甘薯、蕹菜、长寿菜等旋花科蔬菜。

25. 粉缘钻夜蛾 *Earias pudicana* Staudinger, 1887

特征：翅展23mm。头、胸及颈板黄白色带青绿色调，胸部背面及翅基片略带粉红色。前翅前缘约2/3白色杂粉红色鳞毛，外缘毛褐色。后翅白色。腹部灰白色。雄性钩形突二叉形，抱器瓣腹侧具1个长突，端部具1个曲突，抱钩棘形。

分布：黑龙江、辽宁、河北、山西、宁夏、河南、山东、江苏、浙江、湖北、湖南、江西；日本、朝鲜、俄罗斯、印度。

习性：取食毛白杨、柳属植物。

26. 麟角希夜蛾 *Eucarta virgo* (Treitschke, 1835)

特征：翅展25～36mm。头部、胸部紫灰褐色。前翅紫灰褐色至暗褐色；内线白色外斜，后端与外线于后缘相遇，内侧棕褐色；环纹斜圆形且白色至粉灰白色，肾纹灰粉白色，两侧黑棕褐色；亚端线白色，端区棕褐色。后翅灰白色。腹部浅褐色。

分布：黑龙江、内蒙古、山东、河北、湖北；日本、朝鲜及欧洲。

习性：取食蒿属植物。

27. 凡艳叶夜蛾 *Eudocima phalonia* (Linnaeus, 1763)

特征：翅展93～96mm。头、胸及前翅赭褐色。前翅翅脉具细黑点；基线、内线黑褐色，肾纹不清晰，外线内斜且稍微弯曲，内线、外线之间暗褐色；亚端线自顶角内斜。后翅橘黄色，中部具1条黑曲条，端区具1条黑宽带，前端至近翅基部，后端伸达至2脉，内缘呈锯齿状。腹部褐黄色。

分布：黑龙江、山东、江苏、浙江、湖南、台湾、福建、广东、海南、广西、四川、云南；日本、朝鲜及大洋洲、非洲。

习性：取食木通。成虫吸食柑橘、桃子、苹果、梨、黄皮、番石榴、荔枝等果汁。

28. 艳叶夜蛾 *Eudocima salaminia* (Cramer, 1777)

特征： 翅展 76～80mm。头部褐绿色，外侧杂有紫灰色。胸部背面褐绿色杂紫灰色，翅基片后缘黄褐色。前翅具 1 条自顶角中央斜伸至翅后缘近基部的分界线，线前内方白色，具暗棕色细纹；近翅外缘具 1 条内斜分界线，线外方为白色，具暗棕色细纹，剩下金绿色；前缘脉附近带有绿色，翅脉纹紫红色。后翅橘黄色。腹部橘黄色。

分布： 山东、浙江、台湾、福建、江西、广东、广西、云南；印度及大洋洲、非洲、南太平洋诸岛。

习性： 取食蝙蝠葛属植物。成虫吸食柑橘、桃子、苹果、梨、黄皮、番石榴、荔枝等果汁。

29. 枯艳叶夜蛾 *Eudocima tyrannus* (Guenée, 1852)

特征： 翅展 92mm。头胸、胸部暗红褐色。喙发达，端部钝。前翅褐色杂霉绿色及红褐色鳞毛，形似枯叶，翅脉上有成列的黑点；内线褐色，斜伸至 2A 脉，内线内侧于中室下方具 1 个绿斑，自顶角至后缘近中部具 1 条黑褐色斜线；环纹具 1 个黑点，肾纹黄绿色。后翅橘黄色。腹部橙黄色。

分布： 陕西、辽宁、河北、山东、江苏、浙江、湖北、福建、海南、广西、四川、云南、台湾；日本、印度。

习性： 成虫吸食柑橘、桃子、苹果、梨、黄皮、番石榴、荔枝等果汁。

30. 钩尾夜蛾 *Eutelia hamulatrix* Draudt, 1950

特征： 翅展 28～30mm。头部及胸部褐色杂灰白色。前翅灰白色，密布灰黑色细点，亚基线黑色，内线为黑色双线；环纹白色，具黑边，肾纹白色，具黑边，中有褐纹，外线为黑色双线；亚缘线为白色双线，内侧的线呈大波浪形外斜，缘线为 1 列新月形黑点，均围以白色。后翅淡褐色向端区渐暗，外线、亚缘线微白，仅后部可见。腹部褐色。

分布： 陕西、河南、安徽、浙江、四川、山东。

习性： 取食臭椿。

31. 虚切夜蛾 *Euxoa adumbrata* (Eversmann, 1842)

特征： 翅展 38mm。头、胸及前翅暗灰色。前翅翅基片内缘杂红棕色鳞片，前翅零散分布褐灰鳞片，各横线赭白色；剑纹端部灰黑色，环纹、肾纹均暗灰色；外线锯齿状细线，亚端线不规则锯齿状。后翅白色杂褐灰色，端区色暗。腹部灰色。

分布： 西藏、山东；日本、俄罗斯及亚洲中部地区。

习性： 取食石竹科、苋科、蓼科、十字花科、柳叶菜科、车前草科、菊科、禾本科等植物。

32. 基点构夜蛾 *Gortyna basalipunctata* Graeser, 1889

特征： 翅展 40～48mm。头部黑色，胸部黑棕色。前翅黄色，密布赤褐点；剑纹赤褐色边缘，环纹黄色，中央赤褐色，镶黑边，肾纹黄色，肾纹后端被中央翅褐色圆纹分割成 2 个点，略白；中线赤褐色，外线为双线且黑色，前端为 1 个黄斑，亚端线为双线且棕色，与外线间为黑灰宽带。后翅污褐色，腹部褐灰色。

分布： 山东、黑龙江、陕西、四川；日本、俄罗斯、印度。

习性： 取食玉米。

33. 棉铃虫 *Helicoverpa armigera* (Hübner, 1808)

特征： 翅展 27～38mm。头部和胸部灰褐色至红褐色。前翅青灰色或红褐色，亚基线、内线及外线为褐色双线，中线褐色波浪状；环纹、肾纹褐色，中线、亚缘线为暗褐色至青褐色宽带。后翅白色，端带黑褐色。腹部浅褐色。

分布： 中国广泛分布；世界广泛分布。

习性： 取食棉、枣、苹果、辣椒、小麦、烟草、番茄等。具远距离迁飞行为。

34. 焰实夜蛾 *Heliocheilus fervens* (Butler, 1881)

特征：翅展 25 ～ 30mm。头、胸及前翅黄褐色或红褐色，边缘隆起，外具 1 个褐纹。后翅浅黄色，1 脉前有暗褐色条，横脉纹大，端带黑色。雌性色较雄性色更深，外线与亚端线间具有 1 条黑带，后翅黑色，中室外具 1 个白斑。

分布：山东、黑龙江、河北、湖北、湖南、江西、西藏；日本。

习性：成虫具趋光性。

35. 苇实夜蛾 *Heliothis maritima* Graslin, 1855

特征：翅展 25 ～ 38mm。头及胸部灰褐色带霉绿色。前翅霉灰色，内线黑色锯齿状，环纹为 3 个黑点且呈三角形，肾纹黑棕色，外圈黑色点，中带红褐色，外线黑色锯齿形。后翅赭黄色，前、后缘区及亚中褶内半黑色。腹部灰褐色。

分布：山东、河北；日本及欧洲。

习性：取食大豆、苜蓿、甜菜、番茄、马铃薯、甘薯、玉米、花生、棉、麻等。

36. 弓须亥夜蛾 *Hydrillodes lentalis* Guenée, 1854

特征：翅展 19mm。头部褐色，胸部褐色，前翅淡褐色。下唇须长而弯。前翅基部及外线外侧色深，内线褐色波曲；环纹只具 1 个黑点，肾纹为 1 条黑色短小曲线；中线褐色波浪状，外线褐色不规则波浪状，外弯，亚端线模糊不规则波曲状。后翅淡灰褐色。腹部褐色。足暗褐色，跗节有褐白斑。

分布：山东、湖南、台湾、福建、广东、广西、西藏；日本、印度、斯里兰卡及东南亚。

习性：取食化香的枯叶。

37. 两色髯须夜蛾 *Hypena trigonalis* (Guenée, 1854)

特征：翅展 34mm。头、胸黑褐色。前翅黑褐色，散布灰白色细点；内线黑色，自前缘脉向外斜伸至 2A，外线灰白色微波浪状，内线、外线之间呈 1 片黑褐色近三角块斑；亚缘线灰白色波浪状，缘线由 1 列半月形灰白色点组成。后翅黄色。腹部黄色。

分布：陕西、山东、河南、浙江、江西、福建、四川、贵州、云南、西藏；朝鲜、日本、印度。

习性：成虫具趋光性。

38. 豆髯须夜蛾 *Hypena tristalis* Lederer, 1853

特征：翅展 28～38mm。头、胸及前翅黑褐色，杂黑色鳞片。前翅密布棕黑色细点及细纹，具黑斑，其中前缘区具有 1 列黑点、1 个黑色环纹和 1 个肾状纹；外横线侧微白色波浪形具间断，亚缘线为 1 列黑点，缘毛褐色。后翅褐色，具深褐色小且模糊的新月纹。腹部褐色，雄性腹部末端被长鳞毛。

分布：黑龙江、吉林、内蒙古、新疆、河北、山西、山东、湖北、福建、云南、西藏、台湾；日本、俄罗斯及朝鲜半岛。

习性：取食大豆。

39. 苹梢鹰夜蛾 *Hypocala subsatura* Guenée, 1852

特征：翅展 70～74mm。体灰褐色。前翅灰褐色，密布灰色细点，翅狭长，顶角钝圆，前后翅外缘微曲。前翅肾纹椭圆形镶黑色边，中线褐色波浪状。后翅褐色，中室端部、外缘中部各具 1 个杏黄色圆形斑，后缘具 1 条黄色条带，其内部具 1 条黑色纵纹。翅反面浅灰褐色。

分布：内蒙古、辽宁、甘肃、河北、陕西、山东、河南、江苏、浙江、福建、广东、海南、云南、西藏、台湾；日本、印度、孟加拉国。

习性：取食苹果、梨、李、柿及栎属植物。

40. 变色夜蛾 *Hypopyra vespertilio* (Fabricius, 1787)

特征：翅展 76～80mm。头与颈板暗褐色，胸褐灰色。前翅浅褐灰色略带青褐色，大部分密布黑棕细点；肾纹黑棕色，雄性肾纹不明显，后外侧具 3 个黑褐色卵形斑纹。后翅褐灰色，中线为棕黑色双线，外线棕黑色波浪状，亚端线暗灰色波浪状，端区带具青色，后缘杏黄色。腹部杏黄色。

分布：山东、江苏、浙江、福建、江西、广东、海南、云南；日本、印度、缅甸、印度尼西亚。

习性：取食楹树、藤。

41. 日雅夜蛾 *Iambia japonica* Sugi, 1958

特征：翅展 33mm。头、胸黑褐杂白色，前翅白色，中区后半黑色，呈不清晰斜斑块，基线不清晰黑褐色，内线为黑色波浪形双线，后端内侧具 1 个模糊黑纹；环纹与肾纹具不明显黑色边缘，缘毛除臀角处白色中有黑细线外，其他部分缘毛黑色。后翅褐色。腹部暗褐色，杂暗黄色鳞毛。

分布：山东、福建、广西；日本。

习性：成虫具趋光性。

42. 贯雅夜蛾 *Iambia transversa* (Moore, 1882)

特征：翅展 31mm。头、胸黑褐色杂白色鳞片。前翅灰白色带紫褐色，基线黑色，仅伸达至 1 脉；环纹、肾纹暗褐色，镶白边；外线为黑色双线，线间白色，亚端线白色，内侧具不规则黑纹，端线为 1 列黑点。后翅褐色。腹部灰色杂褐黄色。

分布：山东、湖北、云南；日本、印度、不丹及非洲。

习性：成虫具趋光性。

43. 瘦银锭夜蛾 *Macdunnoughia confusa* (Stephens, 1850)

特征：翅展 30 ～ 33mm。头、胸大部分灰黄褐色。前翅灰褐色，锭形银斑大且瘦窄，肾状纹外侧具 1 条银白色纵线，亚端线细锯齿状。后翅褐色。腹部黄褐色。

分布：山东、黑龙江、新疆、陕西。

习性：取食菊科植物。

44. 淡银纹夜蛾 *Macdunnoughia purissima* (Butler, 1878)

特征：翅展 29 ～ 32mm。体灰白色，后胸毛簇黑褐色。前翅灰色，内线后半黑褐色，翅 2 脉基部有 2 银白斑，中室端部具 1 个暗褐斑，外线、亚端线红褐色，1 条暗褐线自中室下角延伸至前缘脉，缘毛灰色。后翅浅褐色，中部具 1 条暗褐线，缘毛色较淡。腹部灰色。第 1 腹节毛簇黑褐色。足淡褐色。

分布：吉林、北京、山东、河北、湖北、陕西、四川、贵州；日本、朝鲜、俄罗斯。

习性：取食艾。

45. 桃红瑙夜蛾 *Maliattha rosacea* (Leech, 1889)

特征：翅展 20mm。头、胸及前翅浅褐色至浅桃红色。前翅基线、内线、中线及外线均黑色；剑纹大，黑色，环纹小，中央黑色，肾纹大，中有暗褐色曲纹；外线双线锯齿状，亚端线内侧衬黑色锯齿形。后翅亮褐色，缘毛黄白色。腹部浅黄色杂少量黑色。

分布：山东、河北、浙江；日本。

习性：成虫常见于 7、8 月。

46. 标瑙夜蛾 *Maliattha signifera* (Walker, 1858)

特征： 翅展 16 ～ 17mm。头、胸白色杂浅褐色鳞片。前翅白色，中部淡褐色，内线黑色波浪形，中线黑色，外衬褐色条带；肾形纹白色，中央具 2 个小的黑斑，外侧具 1 个大的黑斑；外线黑褐色双线锯齿状，亚端线内侧具有黑褐色楔形纹纵列。后翅、腹部均淡白褐色。

分布： 山东、河北、江苏、湖北、江西、福建、广东、广西；日本、朝鲜、印度、缅甸、斯里兰卡、马来西亚及大洋洲等。

习性： 取食牛筋草。

47. 甘蓝夜蛾 *Mamestra brassicae* (Linnaeus, 1758)

特征： 翅展 40 ～ 50mm。头、胸及翅杂灰褐色。前翅基线、内线为黑色波浪状双线，中线不清晰，外线褐色锯齿状；翅中央近前缘内侧具 1 个浅褐色环形纹，镶黑边，肾形纹灰白色，镶黑边，剑纹黑褐色，短且小；亚端线黄白色。后翅浅褐色，外缘一半黑褐色。腹部灰褐色。

分布： 黑龙江、吉林、辽宁、内蒙古、河南、山东、湖北、四川、浙江、西藏；日本、俄罗斯、印度及欧洲。

习性： 取食甘蓝、芸薹、白菜、茄子、胡萝卜、葱、蚕豆、豌豆、马铃薯、甘蔗、棉、桑、葡萄、麦、麻类、烟草、甜菜、高粱及其他十字花科菜类。具远距离迁飞行为。

48. 蚪目夜蛾 *Metopta rectifasciata* (Ménétriès, 1863)

特征： 翅展 66 ～ 69mm。头、胸暗棕色。前翅暗棕色，亚端线白色细短纹，内线黑色波浪状，略外弯，肾纹棕灰色成弯钳状，内缘及钳齿部分镶银白线，齿外具 1 个黑斑；中线黑色半圆形，自 3 脉起波浪状，外线黑色外弯，外侧具 1 条白色宽带；亚端线黑色且内斜。后翅暗棕色，中线黑色，外线为 1 条白色条带。腹部黑棕色。

分布： 四川、云南、山东。

习性： 成虫具趋光性。

49. 毛胫夜蛾 *Mocis undata* (Fabricius, 1775)

特征：翅展 46～50mm。头部、胸部及腹部灰褐色。前翅灰褐色带紫色鳞片，内线褐色外斜，末端的外侧具 1 个黑斑点；中线褐色波浪状；外线黑色，环纹为黑色小圆点，肾纹灰褐色且较大；亚缘线浅褐色波浪状，内侧具 1 列黑点。后翅暗褐黄色。

分布：陕西、甘肃、河北、山东、河南、江苏、浙江、湖南、福建、江西、广东、贵州、云南、台湾；朝鲜、日本、缅甸、印度、斯里兰卡、新加坡、菲律宾、印度尼西亚及非洲。

习性：取食大豆、鱼藤、蚂蟥。

50. 深山秘夜蛾 *Mythimna monticola* Sugi, 1958

特征：外观近似秘夜蛾。头部、胸部淡红棕色。前翅淡红褐色，密布浅褐色细纹，肾纹呈 1 个白点状，内线、外线浅灰黑色波浪状。后翅浅红褐色。腹部浅黄褐色。

分布：山东。

习性：成虫具趋光性。

51. 红翅秘夜蛾 *Mythimna rufipennis* Butler, 1878

特征：翅展 32～36mm。体、翅大部分红棕色。前翅各翅脉不明显，环纹、中线、肾纹及亚缘线均不明显，中室下角接肾纹处可见 1 个黑色点斑；外缘线由翅脉间黑色点斑组成，缘毛浅棕色带赭色。后翅灰白色，新月纹灰黑色隐约可见，缘毛淡灰褐色。腹部灰褐色至灰白色。

分布：辽宁、北京、山东、浙江、四川；朝鲜、韩国、俄罗斯、日本。

习性：成虫具趋光性。

52. 绒秘夜蛾 *Mythimna velutina* (Eversmann, 1846)

特征：翅展 46mm。头、胸、前翅灰褐色。前翅翅脉白色，大部分翅脉间带黑色，端区带黑色，具黑纵纹，横脉纹周纹黑色；外线为 1 列黑齿形斑，亚端线外侧具 1 列黑的齿斑，端线黑色。后翅褐色。腹部浅褐色。

分布：黑龙江、青海、新疆、山东；韩国、哈萨克斯坦及亚洲中部、乌拉尔南部、西伯利亚西部和南部、俄罗斯远东、俄罗斯的欧洲东南部。

习性：取食禾本科植物。

53. 秘夜蛾 *Mythimna turca* (Linnaeus, 1761)

特征：翅展 40～43mm。头、胸红褐色杂紫色鳞片。前翅浅红褐色，密布褐色细纹，内线、外线黑色波浪状，肾纹黑紫色条状，窄而细，后端有 1 个白点。后翅红褐色。腹部黄褐色。

分布：黑龙江、陕西、山东、甘肃、湖北、江西、四川；日本及欧洲。

习性：取食禾本科植物。

54. 鸮夜蛾 *Negeta* sp.

特征：体中小型。头及胸前部深褐色，胸后半及翅淡黄褐色至红褐色。喙发达，下唇须向上伸，额光滑无突起，上部具鳞脊。复眼大。前翅具 1 个副室，后翅 5 脉发达。腹部第 1、2 节背面有鳞簇。

分布：山东。

习性：成虫具趋光性。

55. 乏夜蛾 *Niphonyx segregata* (Butler, 1878)

特征： 翅展 28～30mm。头、胸浅灰褐色。前翅褐色具暗红色光泽，中央有暗褐色宽带，近顶角处具 1 个三角斑，其外侧及后侧具黑斑；基线灰白色延伸至中室，内线黑色，内侧衬灰白色延伸至亚中褶，中线暗褐色，亚端线灰白色。后翅褐色。腹部浅灰褐色。

分布： 黑龙江、吉林、山东、河北、河南、福建、云南；日本、朝鲜。

习性： 取食葎草、啤酒花等。

56. 鸟嘴壶夜蛾 *Oraesia excavata* Butler, 1878

特征： 翅展 49mm。体大部分赤橙色，前翅褐色杂紫色鳞片。前翅基线黑棕色波浪状，内线为黑棕色波浪状双线且内斜，中线粗黑色，先外斜后折角内斜，中室后缘黑棕色，外线黑棕色锯齿状双线，内斜，亚端线黑棕色不规则波曲状；翅外缘后半斜，后缘内中部后具 1 个巨齿，臀角后突成 1 个齿。后翅黄色。腹部灰黄色。

分布： 山东、江苏、浙江、湖南、福建、广东、广西、云南、台湾；朝鲜、日本。

习性： 成虫取食柑橘、苹果、梨、葡萄、无花果、桃、杧果、黄皮。

57. 戚夜蛾 *Paragabara flavomacula* (Oberthür, 1880)

特征： 翅展 16～20mm。头、颈板橙黄色，胸、翅灰褐色。前翅内线褐色且内斜或略外弯，外侧衬灰白色，环纹不明显，肾纹细窄橙黄色，内部褐色；外线白色，内侧衬褐色，亚端线褐色，于 7 脉、2～5 脉间外弯，外线与亚端线间的前缘脉上有几个白点。后翅端线褐色。腹部黄褐色。

分布： 黑龙江、河北、江苏、山东；日本、朝鲜。

习性： 成虫常见于 6、7 月。

58. 石榴条巾夜蛾 *Parallelia stuposa* (Fabricius, 1794)

特征： 翅展 40～44mm。头、胸褐色。前翅褐色，内线内弯，内侧黑褐色，中线直；中线与内线之间为灰白色带，其中散布褐色细点，肾纹为褐色长点；外线于 M_1 脉处弯折，外侧衬白色，顶角具 2 个黑褐色斑纹，齿形。后翅暗褐色，端区灰褐色，具 1 条白色中带。腹部灰褐色。

分布： 陕西、甘肃、河北、山东、江苏、浙江、湖北、福建、江西、广东、海南、四川、云南、台湾；日本、朝鲜、印度、斯里兰卡、菲律宾、印度尼西亚。

习性： 取食石榴。

59. 疆夜蛾 *Peridroma saucia* (Hübner, 1808)

特征： 翅展 46mm。头暗褐色，胸红褐色。前翅灰褐色且微黑，中室及前缘区赭红色，密布细黑点，亚基线、内线为黑色双线，剑纹、环纹及肾纹具黑边，外线黑色，锯齿形，亚缘线不清晰，内侧有暗点。后翅白色，半透明，翅脉与端区黑褐色。

分布： 山东、陕西、甘肃、宁夏、四川、云南、西藏；亚洲、欧洲、非洲。

习性： 取食烟草、马铃薯、甘蓝、大豆、小麦、玉米、高粱、牧草等。

60. 姬夜蛾 *Phyllophila obliterata* (Rambur, 1833)

特征： 翅展 19～21mm。体大部分黄白色杂褐色。前翅中室具暗褐纹，内线、外线两侧衬褐色，环纹具 1 个黑点，肾纹具 2 个褐点，外线内侧衬暗褐条，亚端线内衬暗褐色，端线呈黑点列。后翅白色略杂褐色鳞片。

分布： 黑龙江、内蒙古、新疆、河北、陕西、山东、江苏、浙江、湖北、江西、福建；亚洲（西部）、欧洲。

习性： 取食除虫菊、蒿。

61. 纯肖金夜蛾 *Plusiodonta casta* (Butler, 1878)

特征：翅展 25～32mm。头、胸黄褐色。前翅浅褐色，内区、亚端区有金色斑纹，基线黑色双线，内线内斜呈波浪形三线，内线为双线，肾纹灰色，镶褐金色边，中线褐色，外线双线于 7 脉处折角；亚端区有 2 个金色斑，顶角具 1 个蓝白纹，端线前半蓝白色及黑色，内侧有 1 个齿形黑纹。后翅浅褐色。腹部灰黄色。

分布：黑龙江、山东、江苏、浙江、湖北、湖南、福建；日本、朝鲜。

习性：取食蝙蝠葛。

62. 宽胫夜蛾 *Protoschinia scutosa* (Denis et Schiffermuller, 1775)

特征：翅展 31～35mm。头、胸、腹灰褐色。前翅灰白色，基线黑色达亚中褶，内线黑色波浪状，剑纹大，镶褐色黑边，环纹褐色，镶黑边，肾纹褐色；外线黑褐色，外斜至 4 脉前，后折角内斜，亚端线黑色锯齿状，端线为 1 列黑点。后翅黄白色，翅脉及横脉纹黑褐色。

分布：吉林、河北、山东、内蒙古、江苏；日本、朝鲜、印度及亚洲（中部）、美洲（北部）、欧洲。

习性：取食艾属、藜属植物。具远距离迁飞行为。

63. 黏虫 *Pseudaletia seperata* (Walker, 1865)

特征：翅展 36～40mm。头、胸及前翅褐色至灰黄褐色。前翅内线呈稀疏黑点，环纹黄褐色，肾纹黄褐色且后端具 1 个白点，白点两侧各具 1 个黑点，亚端线由顶角延伸至 5 脉处。后翅暗褐色。腹部暗褐色。

分布：中国广泛分布；印度尼西亚、澳大利亚及古北界（东部）、东南亚。

习性：取食麦、栗、稷、高粱、玉米、稻等。具远距离迁飞行为。

64. 暗基涓夜蛾 *Rivula basalis* Hampson, 1891

特征：翅展约 16mm。体、翅大部分灰褐色。前翅中线灰色外弯，内侧衬暗棕色宽带，内衬暗棕色，外缘杂栗褐色。后翅灰褐色。

分布：山东及中国南部；斯里兰卡、泰国、印度尼西亚（爪哇、巴厘岛）及加里曼丹岛。

习性：成虫具趋光性。

65. 涓夜蛾 *Rivula sericealis* (Scopoli, 1763)

特征：翅展约 15mm。头、胸部及前翅淡黄色。触角淡黄色线状。前翅内线褐色，中、外线褐色点状弧形短线，肾纹灰褐色，短且宽，内部具 2 个黑点。后翅白色，顶角区呈淡褐色。腹部淡黄色。

分布：黑龙江、山东、江苏、江西、贵州、云南、台湾；日本、朝鲜、韩国及欧洲。

习性：取食短柄草。

66. 葡萄修虎蛾 *Sarbanissa subflava* (Moore, 1877)

特征：翅展 49mm。头、胸紫棕色。前翅灰黄色，布紫棕色细点，前缘色深，后缘及外横线外紫棕色，内横线灰黄色，自前缘斜伸至中室，折角内斜，于中室下缘呈双线；外横线灰黄色双线，亚缘线灰白色锯齿状，缘线为 1 列黑点，肾纹、环纹均为紫棕色，镶黄边。后翅杏黄色，外缘有紫棕色带，臀角具 1 个褐黄斑。腹部黄色，腹背中央有 1 列紫棕斑。

分布：黑龙江、辽宁、河北、山东、湖北、浙江、江西、贵州；日本、朝鲜。

习性：取食葡萄、常春藤、爬山虎。

67. 艳修虎蛾 *Sarbanissa venusta* (Leech, 1888)

特征： 翅展 40mm。头、胸黑棕褐色杂白色。前翅白色，密布黑褐色细点，后半部紫灰色，顶角区蓝紫色，内线为灰白色双线，环纹为黑褐色扁圆形斑纹，具白边，肾纹黑棕色具白边；外线为灰白色双线，亚端区有间断的粉蓝纹，端线灰白色，外侧 1 列黑长点。后翅杏黄色，中室端部 1 个小黑斑，臀角具 1 个黑斑，端区具 1 条不规则波浪状黑色宽带。腹部杏黄色，背面具 1 列黑毛簇。

分布： 山东、陕西、甘肃、江苏、浙江、湖北、四川；日本、朝鲜。

习性： 取食葡萄、爬山虎。

68. 黑点贫夜蛾 *Simplicia rectalis* (Eversmann, 1842)

特征： 翅展 30mm。头、胸及前翅淡褐色。前翅内线黑褐色波浪状外弯，肾纹小黑褐点状；外线黑褐色，自前缘脉向外斜伸，于 6 脉处变为向内斜；亚端线淡黄色近乎直线，略波浪状，缘毛淡褐色。后翅褐白色，亚端线有不清晰黄白色。腹部褐色。

分布： 黑龙江、山东、江苏；朝鲜、日本及欧洲。

习性： 成虫常见于 7 ～ 9 月。

69. 褐矛夜蛾 *Spaelotis valida* (Walker, 1865)

特征： 翅展 33 ～ 46mm。头棕褐色，胸黑褐色。前翅灰褐色至黑褐色，基线为黑色波浪形双线，延伸至中室下缘，中室下缘自基线至内横线间具 1 条黑色纵纹，内横线、外横线均为黑色波浪形双线；中室内环纹与中室末端肾形纹均为灰色，镶黑边，环纹略扁圆状，亚外缘线黄褐色波浪状。后翅黄白色，外缘暗褐色。腹部暗褐色。

分布： 河北、山东、河南、北京、天津。

习性： 取食小麦、菠菜、生菜、甘蓝、韭菜、葱、大蒜、西瓜等。

70. 绕环夜蛾 *Spirama helicina* (Hubner, 1831)

特征: 翅展 32～60mm。头、胸深褐色。前翅黑褐色，外线外侧黄色，内线、亚缘线及缘线均黑褐色，后半段内侧衬黄褐色；肾纹为蝌蚪形黑褐色斑纹，外线为黑色外弯双线，外线外侧的线为锯齿形，亚缘线前半段单线，后半段双线。后翅内半部暗褐色，外半部黄褐色，外缘为黑褐色波浪状双线。腹部红色，各节具黑色条纹。雌性颜色稍浅，胸部及前后翅灰白色，亚缘线双线间为白色。

分布: 陕西、甘肃、山东、江西；日本。

习性: 成虫具趋光性。

71. 环夜蛾 *Spirama retorta* (Clerck, 1759)

特征: 翅展 62～72mm。头、胸及前后翅暗褐色。雄性前翅及各横线黑色；外线、亚缘线均为双线；肾纹后部膨大旋曲，边缘有黑、白两色，凹曲处至顶角有隐约白纹；外线前后段双线较宽；后翅横线黑色，较直，内斜，微波浪形。雌性褐色，前翅浅黄褐色杂褐色；内线内侧有 2 条黑褐色斜纹，外侧有 1 条黑褐色斜条。

分布: 陕西、辽宁、河南、湖北、福建、江西、广西、海南、上海、天津、江苏、山东、浙江、云南、广东；朝鲜、日本、缅甸、印度、斯里兰卡、马来西亚。

习性: 取食合欢。

72. 淡剑灰翅夜蛾 *Spodoptera depravata* (Butler, 1879)

特征: 翅展 27～36mm。头、胸灰褐色。前翅赭黄色带红褐色，中脉及 2～4 脉微白色，基线、内线褐色，环纹、肾纹不清晰；外线为褐色波浪状双线，内侧具 1 条褐纹，亚端线微白色锯齿状，其内侧衬褐色。后翅白色，翅脉及端区浅褐色。腹部赭褐色。雄性抱器瓣宽，阳茎端有 1 个状突，端部锯齿形。

分布: 山东、湖北、湖南、江苏、浙江、福建；日本。

习性: 取食结缕草、粟。

73. 甜菜夜蛾 *Spodoptera exigua* (Hübner, [1808])

特征：翅展 19～25mm。头、胸及前翅灰褐色。前翅基线为黑色双线，仅前端可见；内、外线均为黑色双线，内线波浪状，剑纹为 1 个黑条，环纹、肾纹粉黄色，中线黑色波浪状，外线锯齿状；中线、外线之间前后端白色，亚端线白色锯齿状，其两侧具黑点。后翅白色，端线黑色。腹部浅褐色。

分布：华北、华东、华中、华南、西南地区；日本、印度、缅甸及亚洲（西部）、大洋洲、欧洲、非洲。

习性：取食甜菜、棉、马铃薯、豆类、番茄等。具远距离迁飞行为。

74. 草地贪夜蛾 *Spodoptera frugiperda* (J. E. Smith, 1797)

特征：翅展 32～40mm。体粗壮，雄性前翅灰色至深棕色，雌性灰色至灰棕色，后翅白色。雄性前翅具椭圆形褐色眼状斑，斜向，肾形斑不清晰，翅顶角处具 2 个白色斑，肾形纹内侧具白色楔形纹。雌蛾前翅一些灰褐色圆圈至灰褐色小圆点，环形纹和肾形纹略微明显。

分布：山东、云南、广西、广东、福建、四川、重庆等地；美洲、非洲、印度等。

习性：取食玉米、水稻、高粱、甘蔗、野生杂草及种植牧草等。具远距离迁飞行为。

75. 斜纹夜蛾 *Spodoptera litura* (Fabricius, 1775)

特征：翅展 33～35mm。头、胸、腹及前翅均褐色，外区翅脉大部浅褐黄色，各横线褐黄色，环纹窄长且向肾纹倾斜；肾纹外缘中部凹，前端呈齿形；亚端线内侧具 1 列黑齿纹，有 1 条灰白纹自前缘经环纹、肾纹间达 2、3 脉基部。腹部褐色。雄性抱器瓣宽。

分布：山东、江苏、浙江、湖南、福建、广东、海南、贵州、云南；亚洲、非洲。

习性：取食甘薯、棉、芋、荷、向日葵、烟草、芝麻、玉米、高粱、瓜类、豆类及多种蔬菜。具远距离迁飞行为。

76. 庸肖毛翅夜蛾 *Thyas juno* (Dalman, 1823)

特征：翅展 85mm。头、胸及前翅赭褐色至灰褐色。前翅后缘红棕色，基线、内线及外线均红棕色；环纹呈黑点状，肾纹灰褐色，其中具 1 个黑点，翅外缘具 1 列黑点。后翅黑色，端区红色，中部具粉蓝色钩形纹。腹部红色，背面大部分暗灰棕色。

分布：黑龙江、辽宁、河北、山东、河南、安徽、浙江、湖北、湖南、福建、江西、海南、四川、贵州、云南；日本、印度。

习性：取食桦、李、木槿。成虫吸食多种果汁。

77. 中金弧夜蛾 *Thysanoplusia intermixta* (Warren, 1913)

特征：翅展约 36mm。体大部分棕黄色至黄褐色。前翅近翅基部的横线为金色；翅中央具 1 个黄褐色肾形纹，其边缘线呈金色；翅面中央与翅基部的中间具 1 个黄褐色环形纹，边缘线金色；翅中部下方及近外缘区域为金黄色，具金属闪光，缘毛黄褐色。腹部暗黄褐色。

分布：江苏、贵州、陕西、湖北、重庆、四川、台湾及东北地区、华北地区；印度、越南、印度尼西亚。

习性：取食胡萝卜、菊属植物、蓟属植物、牛蒡等。

78. 陌夜蛾 *Trachea atriplicis* (Linnaeus, 1758)

特征：翅展约 50mm。头、胸、前翅黑褐色至棕褐色。前翅基线、内线、中线及外线黑色，中线、外线后端相接；环纹黑色，镶绿边，后方具白色戟状纹；肾纹浅绿色至暗绿色，后方具 11 个三角形黑色斑纹，亚端线浅绿色。后翅白色，外半部暗褐色。腹部暗灰色。

分布：黑龙江、山东、湖南、福建、江西；日本。

习性：取食酸模、蓼属植物等。

79. 粉斑金翅夜蛾 *Trichoplusia ni* (Hübner, [1803])

特征： 翅展 26～30mm。头、胸深灰褐色，足褐色。前翅深灰褐色至深褐色，略带金色光泽，环纹灰色镶有黑边，内具 1 个褐色纹，中室后方有 1 个较窄的"U"形银纹，缘毛深褐色与淡褐色相间。后翅基半部色浅，端半部黑褐色且带金色光泽。腹部深灰褐色。

分布： 陕西、山东、山西、河南、甘肃、广西；日本、印度及亚洲中部、欧洲、非洲。

习性： 取食十字花科蔬菜。

二十八、毒蛾科 Lymantriidae

1. 盗毒蛾 *Euproctis similis* (Fuessly, 1775)

特征： 翅展 30～45mm。体大部分白色，触角干白色，栉齿棕黄色，下唇须白色，外侧黑褐色，头、胸、腹部基半部和足白色微带黄色，腹部其余部分和肛毛簇黄色。前翅后缘具 2 个褐色斑纹，内侧的褐色斑有时不明显。前翅、后翅反面白色，前翅前缘黑褐色。腹部基半部白色带黄调，其余部分及刚毛簇黄色。

分布： 河北、内蒙古、辽宁、吉林、黑龙江、江苏、浙江、福建、江西、山东、湖北、湖南、广西、陕西、青海、台湾；朝鲜、日本、俄罗斯及欧洲。

习性： 取食柳、杨、桦、白桦、榛、桤木、山毛榉、栎、蔷薇、李、山楂、苹果、梨、花楸、桑、石楠、黄檗、忍冬、马甲子、樱桃、刺槐、桃、梅、杏泡桐、梧桐等。

2. 幻带黄毒蛾 *Euproctis varians* (Walker, 1855)

特征： 翅展 16～28mm。头、胸及前翅黄色，触角干黄白色，栉齿灰黄棕色。前翅黄色，前翅内线、外线黄白色，2 条线近乎平行，外弯，两线间色稍浓，但不布暗色鳞片。后翅浅黄色。足浅橙黄色。

分布： 陕西、河北、山西、山东、河南、上海、江苏、安徽、浙江、湖北、江西、湖南、福建、广东、广西、四川、云南、台湾；马来西亚、印度。

习性： 取食柑橘、茶树、油茶。

3. 折带黄毒蛾 *Euproctis flava* (Bremer, 1861)

特征：翅展 27 ～ 36mm。体浅橙黄色。触角干黄白色，栉齿灰黄棕色。雄性触角为羽毛状，雌性触角双栉齿状。前翅黄色，内线、外线均为黄白色，2 条线近乎平行，外弯，前翅前缘外斜至中室而折向后缘具 1 条深褐色折带，顶角区内具 2 个棕褐色圆斑。后翅浅黄色，基部色稍浅。足浅橙黄色。

分布：辽宁、吉林、黑龙江、河北、山东、江苏、安徽、山西、贵州、江西、四川、广东；俄罗斯、日本、朝鲜。

习性：取食柑橘、茶树及油茶。

4. 栎毒蛾 *Lymantria mathura* Moore, 1865

特征：翅展 48 ～ 78mm。雌雄异型。雄性触角羽状发达，前翅灰白色，密布暗色鳞片，斑纹黑褐色，翅脉白色，亚基线黑褐色，中室中央有 1 个圆斑，外线由 1 列新月形斑组成，缘毛白色，脉间褐色；后翅暗橙黄色。雌性前翅翅面灰白色，少斑纹，翅缘略粉红色；后翅浅粉红色。

分布：陕西、黑龙江、吉林、辽宁、河北、山西、山东、河南、甘肃、江苏、浙江、湖南、湖北、广东、四川、云南；朝鲜、日本、印度。

习性：取食栎、苹果、梨、栗、野漆、青冈等。

5. 戟盗毒蛾 *Porthesia kurosawai* Inoue, 1956

特征：翅展 20 ～ 33mm。体大部分橙黄色，触角干橙黄色，栉齿褐色，胸部褐色，腹部灰棕色带黄色。前翅赤褐色带黑色鳞，赤褐色部分外缘具银白色斑，近翅顶具 1 个棕色小点，内线模糊黄色。后翅黄色，基半部棕色。足黄色。

分布：河北、山东、辽宁、江苏、浙江、安徽、福建、湖北、湖南、广西、四川、台湾；朝鲜、日本。

习性：取食刺槐、茶树、油茶、苹果、柑橘。

6. 角斑台毒蛾 *Teia gonostigma* (Linnaeus, 1767)

特征：翅展22～34mm。雄性体形略大于雌性。雄性前翅暗棕红褐色，基部有1个白边褐色斑纹，外线前缘外侧具1个赭黄色斑纹，前缘和臀角处各具1个新月状白色斑纹，缘毛深褐色与淡黄色相间；后翅黑褐色，缘毛淡黄色。雌性体被灰白色或淡黄色绒毛，翅退化，仅留翅痕迹。

分布：陕西、黑龙江、吉林、辽宁、内蒙古、北京、河北、陕西、山东、河南、宁夏、甘肃、江苏、浙江、湖北、湖南、贵州；朝鲜、日本及欧洲。

习性：取食苹果、梨、桃、杏、山楂、悬铃木、柳属植物、榆、杨属植物、榉、山毛、榉栎、蔷薇、悬钩子、泡桐、樱桃、花椒、落叶松等。

二十九、瘤蛾科　Nolidae

瘤蛾 *Nola* sp.

特征：体小型。体浅灰褐色。翅面各横线多暗色。部分种类前翅中室近基部及端部有瘤状竖鳞。后翅灰白色，端半部颜色较深，具新月纹。

分布：山东。

习性：成虫具趋光性。

三十、舞蛾科　Choreutidae

桑舞蛾 *Choreutis* sp.

特征：体小型。头部、胸部背板及浅翅浅灰褐色杂黑褐色鳞片。

分布：山东。

习性：幼虫取食植物叶片，产生缺刻。成虫具趋光性。

三十一、绢蛾科　Scythrididae

中华绢蛾 *Scythris sinensis* (Felder et Rogenhofer, 1875)

特征：体小型，呈纺锤形。体黑色至黑褐色，密被灰色短毛。触角丝状。前翅通常于 1/3 处和 2/3 处各有 1 个亮黄色斑点。

分布：山东。

习性：取食藜科作物。

三十二、粉蝶科　Pieridae

1. 菜粉蝶 *Pieris rapae* (Linnaeus, 1758)

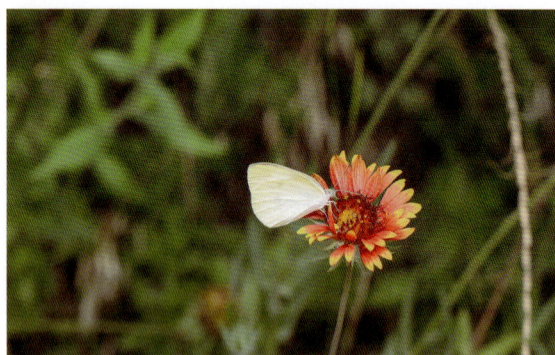

特征：翅展 35～55mm。体粉白色，胸背部底色深黑色，布满灰白色长绒毛。前翅长三角形，翅面白色，近基部散布黑色鳞片，顶角区具有 1 个三角形的大黑斑，外缘白色。后翅略呈卵圆形，白色，基部散布黑色鳞，具 1 个黑斑。雌性体形较雄性略大，色更深。

分布：北京、河北、山西、内蒙古、辽宁、吉林、黑龙江、上海、江苏、浙江、安徽、福建、江西、山东、河南、湖北、湖南、广东、广西、海南、四川、贵州、云南、西藏、陕西、甘肃、青海、宁夏、新疆、香港、台湾；从美洲北部至印度北部。

习性：取食芸薹属、木樨属及十字花科、白花菜科、金莲花科植物。

2. 东方菜粉蝶 *Pieris canidia* (Linnaeus, 1768)

特征：翅展 50～60mm。翅白色至乳白色，具黑色或黑褐色斑纹。前翅顶角黑色，外缘锯齿形，反面白色，亚缘区具 3 个近圆形斑纹。后翅正面外缘区具 1 列圆形或近三角形的斑纹，前缘中部具近半圆形斑纹；反面无斑纹，肩角区黄色。

分布：中国；韩国、越南、老挝、泰国、柬埔寨、缅甸及欧洲。

习性：取食焯菜、荠菜、芥蓝、芥菜、冬白菜、萝卜、硬毛南芥、白花菜。

3. 云粉蝶 *Pontia edusa* (Fabricius, 1777)

特征：翅展 33～53mm。前翅白色正面具 1 个大的黑色中室端斑，顶角至 Cu_1 具宽黑带，其上有 3～4 个小白斑，翅反面中室基半部覆黄绿色鳞粉，Cu_2 中域具 1 个棕色斑。后翅正面前缘中部具 1 个黑斑，后翅反面黄绿色，具 9～10 个近圆形的短白斑，中域 1 条白带，中室内有 1 个圆形的白斑。

分布：北京、河北、内蒙古、山西、辽宁、吉林、黑龙江、上海、江苏、山东、河南、广西、四川、云南、西藏、陕西、宁夏、甘肃、新疆；欧洲、北非至埃塞俄比亚再至印度西北部、西伯利亚。

习性：取食芥蓝、油菜、甘蓝。

4. 东亚豆粉蝶 *Colias poliographus* Motschulsky, 1860

特征：翅展 44～59mm。体黑色，不同个体翅色变化大，通常为黄色或淡黄绿色。复眼灰黑色。前翅中室端部有 1 黑斑，外缘具 1 款的黑带，带中 1 列不规则的淡色斑。后翅中室端部具 1 橙色斑，端带黑色不清晰。腹部被黄色鳞片和灰白色短毛。足淡紫色。

分布：北京、山西、内蒙古、辽宁、吉林、黑龙江、江苏、浙江、福建、江西、河南、湖北、湖南、海南、四川、贵州、云南、西藏、陕西、甘肃、青海、宁夏、新疆、台湾；日本、俄罗斯。

习性：取食豆科植物。

三十三、弄蝶科 Hesperiidae

1. 中华谷弄蝶 *Pelopidas sinensis* (Mabille, 1877)

特征：翅展 32～40mm，雌性体形大于雄性。触角长大于或等于前翅长的 1/2。翅褐色，具白色斑纹，前翅中室 2 个相互分离的斑纹，中域 3 个分离的斑纹，亚顶斑 3 个，缘毛黄白色，翅反面斑纹同正面。后翅中域 4 个斑，排成 1 列。雌性前翅 Cu_2 室具上下 2 个斑，上斑小逗号状，下斑大的三角形。

分布：山东、山西、河南、陕西、安徽、浙江、湖北、江西、湖南、福建、台湾、广东、海南、四川、贵州、云南、西藏；朝鲜、日本、印度及东南亚各国。

习性：取食禾本科植物。

2. 直纹稻弄蝶 *Parnara guttata* (Bremer et Grey, 1853)

特征: 翅展 34～38mm。体褐色至深褐色。下唇须第 3 节直立。触角杆部与棒部的基半部下被白毛,裸节赤褐色。前翅褐色,前部具 2 个中室斑,极少数个体斑纹变小或消失,亚顶斑 3 个,中域斑 3 个。后翅具 4 个中域斑,排成 1 列,反面 rs 室无斑。

分布: 黑龙江、吉林、辽宁、河北、山东、河南、陕西、宁夏、甘肃、江苏、安徽、浙江、湖北、江西、湖南、福建、广东、海南、广西、四川、贵州、云南、台湾;俄罗斯、朝鲜、日本、印度、缅甸、越南、老挝、马来西亚、巴西。

习性: 取食水稻、高粱、玉米、茭白、李氏禾、芦苇、狗尾草、蟋蟀草、白茅、甘蔗、芒、油菜、大麦。

三十四、凤蝶科 Papilionidae

1. 碧凤蝶 *Papilio bianor* Cramer, *1777*

特征: 翅展 100～110mm。翅黑色,密布翠绿色鳞片。前翅基半部黑色,端半部具灰黑色条形纹,雄性前翅臀域具天鹅绒状性标。后翅尾突宽,正面具蓝绿色鳞片,亚外缘有 1 列蓝色、红色和白色的飞鸟形斑纹,反面亚外缘区具有明显的红色飞鸟形斑纹。

分布: 全国广泛分布(除新疆外);朝鲜、韩国、日本、越南、缅甸、印度。

习性: 取食黄檗、飞龙掌血、樗叶花椒、光叶花椒、臭常山、野漆。

2. 金凤蝶 *Papilio machaon* Linnaeus, 1758

特征: 翅展 90～120mm。体大部分黑色至黑褐色,具黄色至黄白色斑纹。前翅基部 1/3 具黄色鳞片,中室端半部具 2 个横斑,中后区具 1 列纵斑,外缘区具 1 列小斑。后翅亚外缘区具不清晰蓝斑,亚臀角具红色圆斑,外缘区具月牙形斑,外缘波状,尾突长短不一。胸背具 2 条"八"字形黑带。

分布: 黑龙江、吉林、辽宁、河北、河南、山东、新疆、山西、陕西、甘肃、青海、云南、四川、西藏、江西、浙江、广东、广西、福建、台湾;亚洲、欧洲、北美洲等。

习性: 取食伞形花科植物的花蕾、嫩叶和嫩芽梢。

3. 柑橘凤蝶 *Papilio (Sinoprinceps) xuthus* Linnaeus, 1767

特征：翅展 90～110mm。翅黑褐色，斑纹黄绿色、黄白色或黄色。前翅中室且 2 个横斑，下部具 4～5 条纵纹，外缘区、亚缘区各具月牙形斑纹列，中域有 1 列条斑，斑纹外缘齐平，自内缘至外缘各条纹长度渐长；臀角具橙色眼斑，瞳点黑色。

分布：中国广泛分布；日本、朝鲜、缅甸。

习性：取食枸橘、樗叶花椒、光叶花椒、吴茱萸、黄檗。

4. 达摩凤蝶 *Papilio (Princeps) demoleus* Linnaeus, 1758

特征：翅展 80～95mm。翅黑色或棕黑色。前翅基区及亚基区具多条碎黄点组成的细横纹，外缘及亚外缘具斑列，中区及中后区具多数不规则斑纹，亚顶角有 1 个长斑，外缘波状。后翅外缘及亚外缘区具斑列，前缘中斑具蓝色瞳斑，臀角具红斑，外缘波状。

分布：浙江、福建、广东、广西、香港、海南、云南、山东、台湾。

习性：常见访花。

三十五、蛱蝶科 Nymphalidae

1. 蟾福蛱蝶 *Fabriciana nerippe* (C. et R. Felder, 1862)

特征：翅橙黄色，具黑色斑纹。前翅中横斑列"Z"形，中室具 4 条黑色横纹，Cu_1 脉上具性标，翅反面顶角区为黄绿色，雌性此处具 1 个白色"0"形纹。后翅正面中横带曲波状，外横斑列近圆形，中室端部具 1 个条斑，反面带绿色调，外横眼斑列呈墨绿色，其中瞳点灰白色，中横斑列及基半部斑纹均银白色。

分布：陕西、黑龙江、山东、河南、宁夏、甘肃、浙江、湖北；朝鲜、日本。

习性：取食东北堇菜。

2. 黑脉蛱蝶 *Hestina assimilis* (Linnaeus, 1758)

特征：翅展 70 ～ 93mm。翅黑色，具乳白色和红色斑纹，翅端部具 3 排斑列，中室外侧放射状排列乳白色条斑。后翅亚缘区上部具 3 个圆斑，中后部具 4 ～ 5 个红色斑纹，其中 2 个内移的红斑中部具黑色眼点，外缘后半部略内凹。

分布：福建、黑龙江、辽宁、甘肃、河北、山西、陕西、山东、河南、湖北、浙江、江苏、江西、湖南、广东、广西、四川、云南、西藏、台湾；朝鲜、日本。

习性：取食垂柳、白杨、异色山黄麻、朴、石朴、桑。

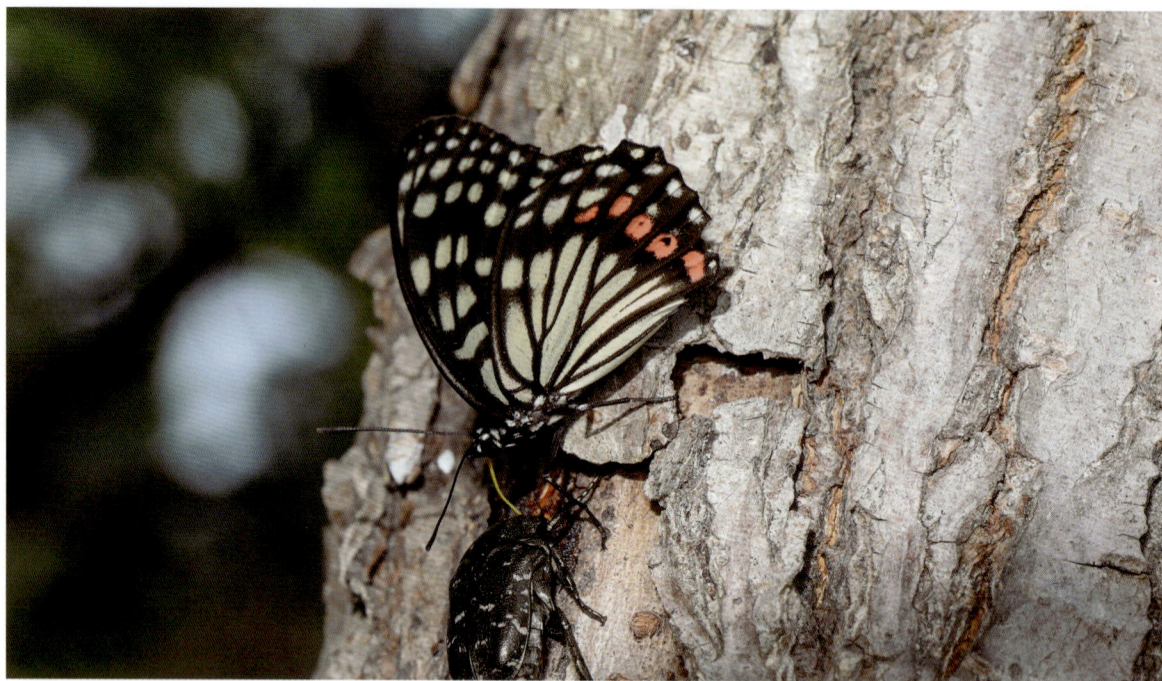

3. 黄钩蛱蝶 *Polygonia c-aureum* (Linnaeus, 1758)

特征：翅展 27mm。翅橙色，具大小不一的斑纹。前翅中室有 3 个黑斑，外缘带及翅基部黑褐色，前翅后角黑斑和后翅外端黑斑上具蓝色鳞片。翅反面黑褐色斑驳纹模糊。前翅外缘角尖突，秋型更明显，后翅角状外突不明显。

分布：中国广泛分布；蒙古、俄罗斯、朝鲜、日本、越南。

习性：取食葎草、大麻、亚麻。

4. 小红蛱蝶 *Vanessa cardui* (Linnaeus, 1758)

特征：体中小型。翅橙色，基部黑灰色，翅外缘波浪状，前翅后缘平直。后翅正面橙色，反面斑纹呈斑驳云状，外缘无尖出或尾突，基部黑褐色，亚缘斑小的圆形，前缘中部、中室外侧及臀角有大的白色斑纹。

分布：陕西、山东；世界广泛分布（除南美洲外）。

习性：取食柳叶水麻、异株荨麻、丝毛飞廉、苎麻、小牛蒡、菜豆、紫花苜蓿、葡萄。具远距离迁飞行为。

三十六、灰蝶科 Lycaenidae

1. 蓝灰蝶 *Everes argiades* (Pallas, 1771)

特征：体小型。雄性翅正面淡蓝色至深蓝色，具蓝紫色闪光，雌性褐色。斑纹点状，具有白色圈纹。两翅反面灰白色，中室端斑条形，外缘及亚外缘各具 1 列斑纹，有时模糊或无，橙黄色亚缘带有时模糊或无，后翅反面基部具 2～3 个黑褐色点斑，近臀角具 2 个橙色眼斑，瞳点黑。尾突细且小，大部分白色，端部黑色。

分布：陕西、黑龙江、吉林、辽宁、内蒙古、北京、河北、山东、河南、浙江、江西、福建、海南、四川、云南、西藏、台湾；朝鲜、日本及欧洲、北美洲。

习性：取食苜蓿、豌豆、羽扇豆、紫云英、黄芪、红花苜蓿、酢浆草、白车轴草。

2. 红灰蝶 *Lycaena phlaeas* (Linnaeus, 1761)

特征：体中小型。前翅橙色，周缘具黑色带，中室具 3 个黑斑，外横斑列呈弧形，具黑斑。翅反面外缘带棕色，内侧具 1 列黑斑。后翅黑褐色，外缘带外侧为橙色锯齿状纹，反面棕黄色或棕灰色，亚缘黑色斑列错位排列，基半部 2 排黑斑平行，中室端斑黑灰色细条状，尾突呈齿状。

分布：陕西、黑龙江、吉林、辽宁、北京、河北、河南、山东、新疆、江苏、浙江、江西、福建、西藏；朝鲜、日本、欧洲、非洲。

习性：取食皱叶酸模、酸模、长叶酸模、小酸模、羊蹄、山蓼、何首乌。

3. 酢浆灰蝶 *Pseudozizeeria maha* [Kollar, (1844)]

特征：体小型。翅正面淡蓝色且具金属光泽，翅反面淡棕色，斑纹棕褐色至黑褐色，镶白边环，端部具有平行排列的 3 列点淡褐色至黑褐色斑纹。前翅正面外缘黑褐色，反面外横斑列平行于端部斑列。后翅正面外缘斑列斑纹点状。翅反面中横斑呈钝角，基横斑列具 3 个点状斑。雌性色较雄性更深，一般棕蓝色至黑褐色。

分布：陕西、河南、浙江、江西、福建、山东、广东、海南、广西、四川、台湾；朝鲜、日本、泰国、印度、尼泊尔、巴基斯坦、马来西亚。

习性：取食酢浆草、黄花酢浆草、红花酢浆草。

4. 东亚燕灰蝶 *Rapala micans* (Bremer et Grey, 1853)

　　特征：横斑有或无，亚外缘带常间断或模糊，外斜带褐色。后翅外斜带自前缘近顶角 1/3 处斜伸至 Cu_2 室端部 1/4 处，后呈"w"形弯曲折，缘线白色，Cu_1 室端部具橙黄色眼斑，瞳点黑色，臀瓣黑色，具白色外环。

　　分布：陕西、黑龙江、河北、山东、河南、浙江、湖北、江西、广东、广西、四川、云南、台湾；泰国、印度、马来西亚。

　　习性：取食豆科植物。

5. 蓝燕灰蝶 *Rapala caerulea* [Bremer et Grey, (1852)]

特征： 体小型。翅正面蓝褐色，具蓝色闪光，反面黄色至棕灰色，具橙色斑纹、黑色斑纹及褐色带状纹。前翅正面中室端部外侧具橙色斑纹，有时退化。后翅正面具臀角橙色斑列，有时无，反面具外斜褐色条带，Cu_1室端部具1个橙黄色眼斑，瞳点黑色，臀角瓣黑色，外环白色。雄性性标灰色，位于前翅反面后缘及后翅正面基部。

分布： 陕西、黑龙江、辽宁、北京、河北、河南、甘肃、山东、江苏、浙江、江西、四川、台湾；朝鲜。

习性： 取食野蔷薇、酸枣、日本胡枝子、黄檀、木蓝。

第十章
双 翅 目
Diptera

　　双翅目（Diptera）昆虫包括蚊、蠓、蚋、虻、蝇等。目前，全世界估计有 150000 多种，是昆虫纲（Insecta）中四大目之一。该目昆虫适应性较强，种类和个体的数量很多，食性复杂多样，如植食性、腐食性、捕食性、寄生性等，因其活动与人类关系密切，该目许多种类是重要的医学卫生研究对象。双翅目属完全变态类，幼虫蛆型，无足，蛹或裸蛹。体形差异大；头部一般球形或半球形，复眼发达；翅 1 对，后翅退化为平衡棒（halteres）；口器吸收式，上颚退化，下唇末端膨大呈 1 对肉片；前胸及后胸小型，常与大型中胸相合并；跗节 5 节。

一、食虫虻科 Asilidae

1. 裂肛食虫虻 *Aneomochtherus* sp.

特征：体中型，粗壮。体被黄褐色短毛，胸部具 1 个楔形黑斑。雄性外生殖器结构复杂，雌性产卵器短且宽。足红褐色，具黑色鬃和毛。

分布：山东。

习性：捕食性。

2. 圆突食虫虻 *Machimus* sp.

特征：体中型，粗壮。颜区强烈扩大。触角黑色。足黑色，具黑色粗鬃和毛。腹部具黄色和黑色的毛。雄性外生殖器强烈弯曲。

分布：山东。

习性：捕食性。

3. 乌苏里银食虫虻 *Mercuriana ussuriensis* Lehr, 1981

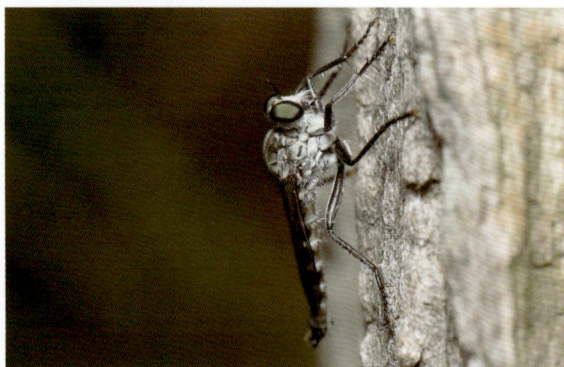

特征：体长 15.0～17.5mm。体黑色。颜稍隆起，被白色长毛，下颚须和喙被白色毛。腹部被黑色和白色的短毛和长毛，第 3～8 节后缘具黄褐色窄带。触角 5 节。小盾片具 3 根缘鬃。翅浅褐色。前足腿节具细白毛，胫节具白色粗长刺状毛以及白色和黑色短毛。

分布：北京、山东；朝鲜半岛、俄罗斯。

习性：捕食性。

4. 端钩巴食虫虻 *Pashtshenkoa krutshinae* Lehr, 1995

特征：雄性体长 11.5 ～ 13.2mm。颜基半部稍隆起，口鬃大部白色，上部及两侧为黑色，触角黑色，下颚须黑色，具白长毛，眼后鬃黑色，后头具细长白绒毛。中胸黑色，被灰白色粉，具 3 对黑斑。足黑色，胫节基部黄棕色，腿节和胫节后侧面黄棕色，足鬃及毛白色，各胫节具黑毛，腿节端、胫节端及各跗节具黑鬃。

分布：北京、山东；俄罗斯。

习性：捕食性。

5. 羽角食虫虻 *Ommatius* sp.

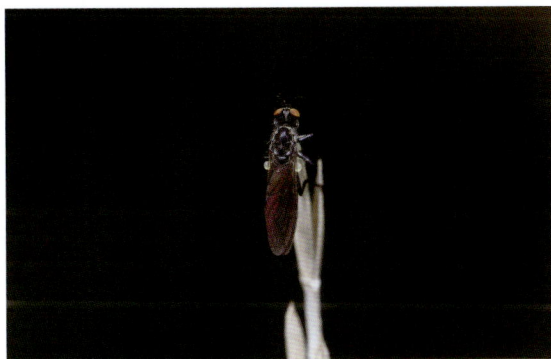

特征：体小型。体黑色。触角黑色。胸部具黑色纹，被灰白色毛。胸部上后侧片具粗大毛。雄性腹部第 3 ～ 4 腹片无粗鬃和密集刚毛。足黑色。

分布：山东。

习性：捕食性。

二、蜂虻科 Bombyliidae

浅斑翅蜂虻 *Hemipenthes velutina* (Meigen, 1820)

特征：体长约 9mm。头黑色，被灰色粉，颈部红棕色。头上大部分毛黑色，有浓的黑色长毛，颜上有浓密的黑色毛发。胸部具黑色和黄色的毛，刚毛黑色。足上的毛、刚毛黑色。

分布：北京、内蒙古、江苏、宁夏、青海、山东、新疆。

习性：具访花的习性。幼虫具寄生性或捕食性。

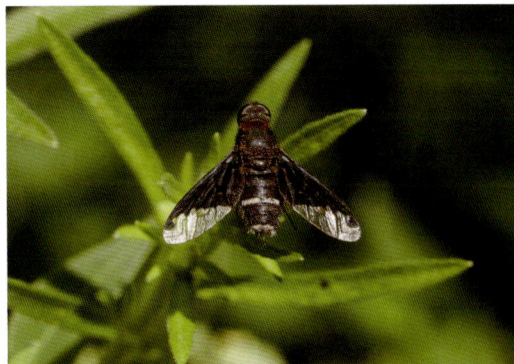

三、水虻科 Stratiomyidae

1. 直刺鞍腹水虻 *Clitellaria bergeri* (Pleske, 1925)

　　特征：体长 8.8～11.9mm。体黑色，触角下颜具 1 对灰白色毛簇，复眼密被黑毛。触角鞭节 8 节，第 1～6 节纺锤形，第 7、8 节形成短的端芒。胸部黑色，具黑毛，中胸背板有 2 条灰白色纵纹，中胸背板侧刺尖粗，小盾片具 2 个刺，粗圆锥形，长度近乎等于小盾片长。翅深褐色至黑色，平衡棒乳黄色。

　　分布：山东、浙江、辽宁、北京、江苏、四川；俄罗斯。

　　习性：成虫具有趋光性。

2. 红斑瘦腹水虻 *Sargus mactans* Walker, 1859

　　特征：体长 9.5～12.1mm。复眼红褐色，裸，雄性复眼几乎相接，雌性复眼稍分离渐宽。头部金绿色，颜黄色，下半部金褐色。触角黄褐色，触角芒黑色。胸部背板亮金绿色，肩胛和翅后胛黄褐色。翅透明，略带浅黄褐色，翅痣不明显，平衡棒黄色。足大部分黄色。腹部细长棒状，金褐色。

　　分布：山东、陕西、吉林、辽宁、北京、河北、山西、河南、甘肃、浙江、湖北、江西、湖南、福建、广东、广西、四川、贵州、云南、西藏；日本、印度、巴基斯坦、斯里兰卡、马来西亚、印度尼西亚、澳大利亚、巴布亚新几内亚。

　　习性：幼虫腐食性。

3. 日本指突水虻 *Ptecticus japonicus* (Thunberg, 1789)

　　特征：体长 11.7～18.8mm。体大部分黑色。复眼黑褐色，分离。头部稍被粉，但额肿浅黄色，具较窄的眼后眶。触角黑褐色，鞭节黄褐色，触角芒黑色，基部褐色。翅黄褐色，平衡棒黑色，但柄黄褐色。足黑色。腹部大部分黑色。

　　分布：浙江、黑龙江、辽宁、内蒙古、北京、河北、山西、山东、河南、甘肃、江苏、上海、安徽、湖北、江西、湖南、广东、四川、香港；俄罗斯、韩国、日本。

　　习性：取食腐烂有机质。

4. 黄腹小丽水虻 *Microchrysa flaviventris* (Wiedemann, 1824)

特征：体长3.5～5.0mm。复眼红褐色，被极稀疏的黄色短毛，头部亮黑褐色，具金绿色光泽。触角黄褐色，触角鞭节1～2小节，宽大于长。触角芒黑褐色。胸部亮红褐色，具光泽，中侧片上缘具窄的浅黄色下背侧带。翅透明，平衡棒浅黄色。足大部分黄色，第5跗节背面褐色。腹部扁平椭圆形。

分布：浙江、河北、山东、河南、陕西、湖北、海南、广西、四川、贵州、云南、西藏、台湾；俄罗斯、日本、巴基斯坦、印度、泰国、菲律宾、马来西亚、印度尼西亚、斯里兰卡、帕劳、密克罗尼西亚联邦、法属新喀里多尼亚、美国（北马里亚纳群岛、关岛）、巴布亚新几内亚、所罗门群岛、瓦努阿图、马达加斯加、科摩罗群岛、塞舌尔。

习性：成虫发生期6～8月。常见于水边草丛或灌木丛。

5. 上海小丽水虻 *Microchrysa shanghaiensis* Ouchi, 1940

特征：体长3.5～4.3mm。复眼被极疏的黄色短毛，雄性接眼式，雌性复眼宽的分离。头部亮黑色，具金绿色光泽，被浅黄色毛。触角深黄色，鞭节栗形，第4鞭节褐色，触角芒黑褐色。胸部金绿色，肩胛浅黄色。翅透明，平衡棒黄色。足大部黄色，基节基部黄褐色，雌性足基节除端部外褐色。雄性腹部黄色，雌性腹部金绿色，呈较扁平的椭圆形。

分布：山东、浙江、北京、陕西、上海、湖北；日本。

习性：常见于水边草丛或灌木丛中。成虫发生期6～8月。

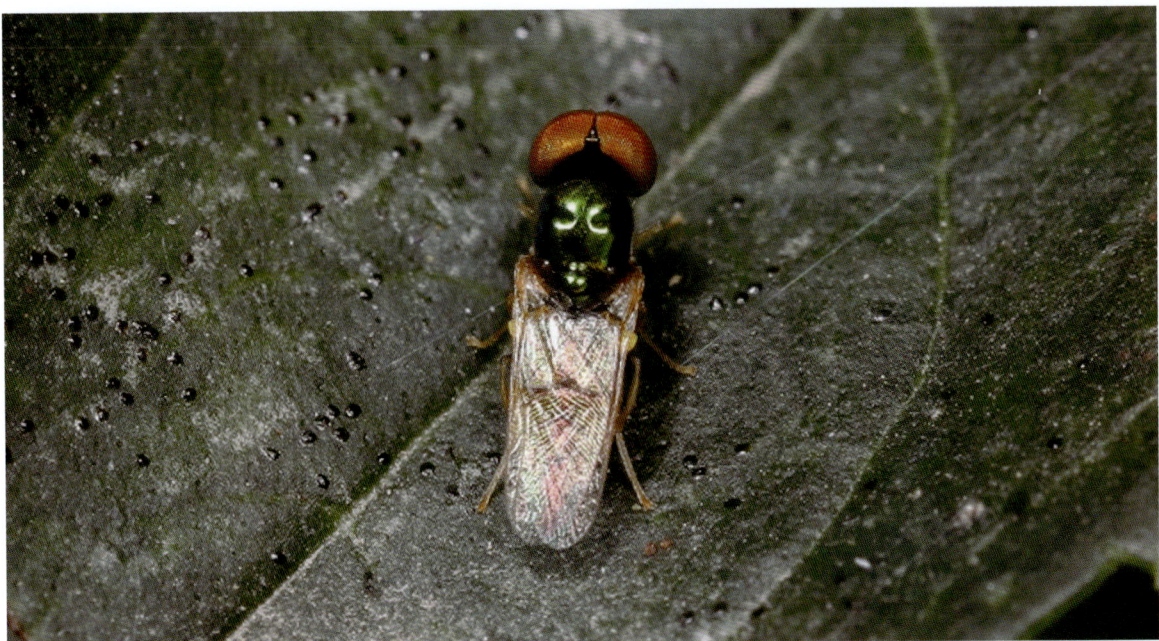

四、虻科 Tabanidae

1. 触角麻虻 *Haematopota antennata* (Shiraki, 1932)

特征：体长 10～12mm。体灰色。雌性头部前额黄灰色，被黑毛。触角黄棕色，柄节短，鞭节基环节椭圆形。胸部背板浅灰棕色，具 5 条明显的灰色条纹，小盾片被灰色粉。翅灰色，具云状花纹。前足除胫节基部 1/3 白色，其余黑色，中、后足黄棕色，各足胫节各具 2 个白环。腹部背板黑色，中央具细的白色条纹，第 1～6 节两侧具灰白色圆形斑。

分布：吉林、辽宁、北京、浙江、河北、山西、山东、河南、陕西、甘肃、江苏、湖北、广东；朝鲜。

习性：骚扰牛马等牲畜，也吸食人血。

2. 黄虻 *Atylotus* sp.

特征：体型中等。体浅灰黄色，复眼浅黄色，雄性复眼上半部小眼面大于下半部小眼面。头顶无单眼瘤。中胛、基胛小，略呈圆形。触角顶端具 4 个环节。翅透明，R_4 脉具附脉。后足胫节距缺如。

分布：山东。

习性：成虫访花。

3. 四列黄虻 *Atylotus quadrifarius* (Loew, 1874)

特征：体长 12～16mm。体灰色至灰黄色。复眼无毛，具 1 条窄带，额灰白色，颜灰白色，下颚须灰白色，着生黑毛和灰黄毛，头顶仅具短的浅色毛。触角黄色。胸部浅灰黑色，被生白色毛，小盾片较暗。足灰黄色至黄棕色，仅前足胫节端部和跗节褐色。翅透明，翅脉棕黑色，翅基部和前缘略着黄棕色。

分布：辽宁、吉林、甘肃、新疆、山东；伊拉克、伊朗、阿富汗、哈萨克斯坦、俄罗斯、蒙古及西地中海到土耳其。

习性：成虫访花。

五、长足虻科 Dolichopodidae

1. 雅长足虻 *Amblypsilopus* sp.

　　特征：体小而纤弱，足长。头顶凹深。雄性唇基窄，与复眼不相接。触角芒背位，短于头宽。雄性中足胫节无明显的背鬃，雌性胫节的背鬃较强，腿节无强腹鬃。翅透明，无翅斑，M～Cu 与 M 脉直角相交。雄性下生殖板不对称，具窄的左侧臂。

　　分布：山东。

　　习性：捕食性。成虫发生期 5～8 月。

2. 短跗长足虻 *Chaetogonopteron* sp.

　　特征：头部金绿色，触角第 1 节无毛，触角第 3 节近三角形，触角芒背位，具短绒毛。喙和须短小。胸部隆起，中胸背板中后区不平展。前侧片下部具 1 根鬃。后足基节具 1 根外鬃，中足、后足胫节具 1 根端前鬃。雄性第 2 跗节端部常有浅色的腹突。翅白色透明，R_{4+5} 和 M 端部几乎平行，M 较直。雄性外生殖器小，盖帽状。

　　分布：山东。

　　习性：捕食性。

3. 金长足虻 *Chrysosoma* sp.

　　特征：体粗壮，头顶深凹，后顶鬃强，位于眼后鬃上端和延长线上。触角芒端位，长远大于头宽。雄性后 2 根背中鬃较前面的更强，雌性具 5 根强背中鬃。翅透明，有时具棕色斑纹。前足胫节具强的背鬃。下生殖板具窄的左侧臂。阳茎具背角。生殖背板侧叶具 2 根强的端鬃。背侧突具大的腹突和指状背突。

　　分布：山东。

　　习性：捕食性。

4. 聚脉长足虻 *Medetera* sp.

特征：体小型。体大部分暗金绿色。复眼裸。后头凹陷。触角柄节无背鬃，第 1 鞭节近圆形，触角芒端位，鞭节短小。喙粗壮，骨化强。翅 M 脉不分叉，R_{4+5} 与 M 会聚，具有臀脉 A，后足基节仅具 1 根鬃。雄性外生殖器大，游离。

分布：山东。

习性：捕食性。

5. 基刺长足虻 *Plagiozopelma* sp.

特征：体中等。体金绿色。雄性触角柄节花瓶状；第 1 鞭节圆锥状，具端位触角芒。雌性的触角第 1 鞭节近四边形。前足基节具淡色刺状前鬃，雌性的鬃强于雄性，前足腿节及胫节无明显的鬃。腹部第 8 背板和腹板发达。阳茎具背角。

分布：山东。

习性：捕食性。成虫发生期 5 ～ 8 月。

6. 滨长足虻 *Thinophilus* sp.

特征：体粗壮。离眼式，头部宽大于长，头顶微凹，单眼瘤明显，唇基短，远离复眼下缘，唇基下缘中部尖。触角黄色至深棕色，柄节、梗节明显短于第 1 鞭节，触角芒背位。翅透明，略带浅棕色至棕色，前缘脉终止于 M。中足、后足基节均具 1 根外鬃。腹圆柱状，具短鬃。

分布：山东。

习性：捕食性。

六、食蚜蝇科 Syrphidae

1. 紫额异巴蚜蝇 *Allobaccha apicalis* (Loew, 1858)

特征：体长 9～13mm。额前部具紫色光泽，触角橘黄色。中胸背板黑色，具钢蓝色或青铜色光泽。腹部亮黑色，第 1 节背板红黄色，后缘棕褐色，第 2 节背板呈细长柄状，雄性第 3 背板中部两侧具方形黄斑或红黄斑，雌性第 3 背板黄斑三角形，雄性第 4、5 背板基部两侧具方形橘黄斑，雌性第 4 背板近基部两侧具黄色条纹和斜斑。

分布：山东、浙江、陕西、甘肃、江苏、安徽、湖北、江西、湖南、福建、台湾、广东、香港、广西、四川、云南；日本及亚洲中部地区、东洋界。

习性：成虫发生期 5～8 月。

2. 狭带贝蚜蝇 *Betasyrphus serarius* (Wiedemann, 1830)

特征：体长 7～11mm。复眼密被棕褐色毛。近复眼处密被黄色粉，颜面棕黄色。触角黑色，鞭节长卵形。胸部背板黑色，中央具 3 条浅色粉被带，侧板黑色。翅透明，翅痣棕黄色。足棕黄色，各足股节基部黑色，后足胫节中部和跗节背面暗黑色。腹部黑色，第 2～4 节背板前部具窄的黄色或灰白色带。

分布：浙江、黑龙江、吉林、辽宁、山东、内蒙古、北京、河北、陕西、甘肃、江苏、上海、湖北、江西、湖南、福建、广东、海南、香港、广西、四川、贵州、云南、西藏、台湾；朝鲜、日本、巴布亚新几内亚、澳大利亚及亚洲中部地区和东南亚地区。

习性：捕食刺槐蚜等。

3. 黑带食蚜蝇 *Episyrphus balteatus* (de Geer, 1776)

特征: 体长7～11mm。雄性头黑色，覆黄粉，被棕黄毛，头顶呈狭长三角形。额前端有1对黑斑。中胸盾片黑色，中央有1条窄长的灰纹，两侧具宽的灰色纵纹。腹部大部黄色，第2～4背板后端、近基部各具1条黑横带，前者较后者更粗，第5背板全黄色或中央有1个黑斑。

分布: 山东、陕西、黑龙江、吉林、辽宁、河北、甘肃、江苏、浙江、湖北、江西、湖南、福建、广东、广西、四川、云南、西藏; 蒙古、俄罗斯、日本、阿富汗、澳大利亚及欧洲、东洋界。

习性: 捕食蚜虫。成虫盛发期5～8月。具远距离迁飞行为。

4. 短腹管蚜蝇 *Eristalis arbustorum* (Linnaeus, 1758)

特征: 体长9～10mm。复眼毛棕色，头顶黑色，被薄灰黄色粉，额与颜密被黄色至棕黄色粉。中胸背板暗红棕色且具光泽，小盾片红棕色至黄棕色。腹部棕黄色，第1背板被灰白色粉，雄性第2背板大部黄色，具上宽下窄的"I"形黑斑; 雌性腹部"I"形黑斑比雄性更大，第3～5背板黑色，第2～5背板后缘黄白色至黄色。

分布: 浙江、黑龙江、吉林、辽宁、内蒙古、河北、山西、山东、河南、陕西、宁夏、甘肃、青海、新疆、湖北、福建、四川、云南、西藏; 俄罗斯、印度、伊朗、叙利亚、阿富汗及欧洲、北美洲、非洲（北部）、亚洲（中部）。

习性: 捕食性。

5. 长尾管蚜蝇 *Eristalis tenax* (Linnaeus, 1758)

特征: 体长12~15mm。复眼暗棕色，头顶毛黑色，额黑色，额与颜覆黄白色粉被。雄性腹部大部棕黄色，第1背板黑色，第2背板"I"形黑斑，前部到达第2背板前缘，而黑斑后部不达后缘，第3背板"I"形黑斑较第2背板"I"形黑斑更宽且大，但前、后部均不达背板前缘，第4、5背板大部分黑色。雌性第3背板几乎全部黑色，仅前缘两侧及后缘棕黄色。

分布: 浙江、黑龙江、吉林、辽宁、内蒙古、河北、山西、山东、河南、陕西、宁夏、甘肃、青海、新疆、江苏、安徽、湖北、江西、湖南、福建、广东、海南、广西、四川、贵州、云南、西藏、台湾。

习性: 幼虫腐食性，成虫访花。

6. 大灰优食蚜蝇 *Eupeodes corollae* (Fabricius, 1794)

特征: 体长9~10mm。头顶三角黑色，额和颜棕黄色，颜具黄毛和黑色中条。触角棕黄色至黑褐色。中胸背板暗绿色，被黄毛。腹部第2~4背板各具1对大型黄斑，第2背板黄斑外侧前角达背板侧缘，雄虫第3、4背板黄斑中间一般相连，第5背板大部黄色；雌性黄斑被黑色分隔，第5背板大部黑色。翅透明，翅痣黄色。

分布: 浙江、黑龙江、吉林、辽宁、内蒙古、北京、天津、河北、山东、河南、陕西、宁夏、甘肃、青海、新疆、江苏、湖北、江西、湖南、福建、广西、四川、贵州、云南、西藏、台湾；俄罗斯、蒙古、日本、亚洲（中部）、欧洲、非洲（北部）。

习性: 成虫访花，幼虫捕食蚜虫。具远距离迁飞行为。

7. 黑色斑目蚜蝇 *Lathyrophthalmus aeneus* (Scopoli, 1763)

特征：体长 11～12mm。体亮黑色，复眼棕色，上部 1/3 具短毛，具暗色小圆斑，额和颜被黄白色粉，后头突出，具亮绿色光泽。触角短小，鞭节卵形。中胸背板及小盾片黑色具光泽，被黄短毛，肩脾密被淡灰色粉。足大部黑色，膝部黄色。腹部背面黑色具绿色或蓝色光泽，腹面亮黑色。

分布：浙江、黑龙江、内蒙古、北京、河北、山东、河南、甘肃、新疆、江苏、上海、湖南、福建、广东、海南、广西、四川、云南；世界广泛分布。

习性：幼虫腐食性，成虫访花。

8. 方斑墨蚜蝇 *Melanostoma mellinum* (Linnaeus, 1758)

特征：体长 7～8mm。雄性头顶及额黑亮，颜面黑色。触角棕色，触角芒被微毛。胸部黑亮。足大部分棕黄色，基节、转节黑色。腹部两侧近平行；第 2 背板中部具 1 对半圆形大黄斑，雄性第 3、4 背板各有 1 对紧接背板前缘的矩形黄斑，而雌性第 3、4 背板基部 1/3～1/2 各有 1 对长三角形黄斑，第 5 背板基半部具 1 对短且宽的黄斑。

分布：山东、浙江、黑龙江、吉林、辽宁、内蒙古、北京、河北、甘肃、青海、新疆、上海、湖北江西、湖南、福建、海南、广西、四川、贵州、云南、西藏；蒙古、日本、伊朗、阿富汗及欧洲、北美洲、非洲、亚洲中部。

习性：常见于低、中海拔山区。

9. 小蚜蝇 *Paragus* sp.

特征：体小型，较粗壮。头部平，宽于胸部。复眼暗红色，被毛，雄性接眼式。触角前伸，触角芒裸，着生在鞭节基环节近基部。中胸背板近方形，小盾片大，中胸背板及小盾片无鬃。翅透明，R～M 横脉在中室中部之前，端横脉呈波形。腹部与胸等宽，各节几乎等长。

分布：山东。

习性：成虫访花。

10. 羽芒宽盾蚜蝇 *Phytomia zonata* (Fabricius, 1787)

特征： 体长 12～15mm。体粗壮。头顶黑色，具暗褐色至黑色短毛，额和颜黑色，额被棕色粉，复眼裸。触角棕黑色，黄色，基半部具羽状毛。中胸背板黑色，密被金黄色至棕黄色长毛，小盾片宽大，密被黑色短毛，翅侧片前部具黑毛。翅透明，基部暗色，具黑斑。腹部粗短。

分布： 浙江、黑龙江、吉林、辽宁、内蒙古、河北、山东、河南、陕西、甘肃、江苏、湖北、江西、湖南、福建、广东、海南、广西、四川、云南、台湾；俄罗斯、朝鲜、日本及东南亚地区。

习性： 成虫访花，盛发期 5～8 月。

11. 细腹蚜蝇 *Sphaerophoria* sp.

特征： 体细小至中等。复眼裸，颜黄色，具明显黑色中条。中胸背板黑色具光泽，两侧具亮黄色条纹，侧板具黄斑，腹侧片上、下毛斑明显分离。腹部细长，雄性腹部两侧平行，雌性呈弧形。

分布： 山东。

习性： 成虫访花，盛发期 5～8 月。

12. 黄环粗股蚜蝇 *Syritta pipiens* (Linnaeus, 1758)

特征： 体长约 8mm。体大部分黑色，头、颜面基胸侧被毛。头顶三角长，毛淡色。中胸暗黑色，背板两侧自肩胛至盾沟、翅后胛上方及中胸侧板密覆黄色或灰白色粉被，背板前部具 1 对白粉被短中条，翅后胛棕色小盾片具边。腹部暗黑色，具 3 对黄斑。后足腿节粗大。翅透明。

分布： 北京、河北、山东、山西、黑龙江、福建、湖北、湖南、四川、云南、甘肃、新疆；全北界及尼泊尔。

习性： 成虫访花。

七、眼蝇科 Conopidae

佐短腹眼蝇 *Zoodiont* sp.

特征：体小型，形似蜂类。体黑褐色或灰褐色，全身被灰色粉。具单眼，间额稀疏被毛，触角芒状，具鬃，触角芒着生于触角第1鞭节背侧。喙长于头。胸部腹侧片具1簇鬃。腹部灰褐色，棒槌形，雌性腹部略短于雄，雌性第5腹板突起呈铲状。

分布：山东。

习性：常见于低海拔山区。

八、水蝇科 Ephydridae

1. 银唇短脉水蝇 *Brachydetera ibari* Ninomyia, 1929

特征：体长约3.6mm。头部金绿色，密被灰白粉。毛和鬃黑色，中下眼后鬃及腹毛淡色。触角黑色，触角芒黑色，明显短于头宽。胸部金绿色，被灰白粉，小盾片亮金绿色，毛和鬃均为黑色。足大部黄色，前足基部、中后足基节与转节、后足腿节端部均为黑褐色，跗节自基跗节末端色渐暗。

分布：黑龙江、吉林、辽宁、内蒙古、北京、天津、河北、河南、山东、宁夏、湖南、浙江、广西、广东、贵州、云南、台湾。

习性：常见浮于水上。

2. 水蝇 Ephydridae sp.

特征：体小型。灰棕色，体表被微毛。上前侧片具钝毛，翅的脉序特化，亚前缘脉Sc退化，不达到前缘脉C脉，前缘脉C具2缺刻，分别位于肩横脉H之后和第1纵脉R_1的末端前部，第1纵脉R_1与前缘脉C在翅的中部之前相接，无臀室。

分布：山东。

习性：常见浮于水上。

九、鼓翅蝇科　Sepsidae

1. 并股鼓翅蝇 *Merolius* sp.

特征：小体型。腹部有柄，似蚂蚁。头圆形，颜退化，颜脊不明显。单眼后鬃出现或缺失；具眶鬃，内顶鬃与外顶鬃。胸部具有光泽，具1肩鬃、1背侧片鬃、1背中鬃、1翅上鬃、1强的翅后鬃、1强的和1弱的中侧片鬃及1小盾鬃。足基节、转节均正常且简单。翅透明端部无端斑。第9背板发达，与背侧突愈合。

分布：山东。

习性：常栖息于湿润环境中。

2. 二叉鼓翅蝇 *Dicranosepsis* sp.

特征：小体型。腹部有柄，形似蚂蚁。头部卵圆形。体褐色，腹部具黑紫色金属光泽。足黄色，足基节、转节均正常且简单。前翅透明，前缘端部具1个黑斑。背针突遇第9背板愈合，对称，端部二分叉。

分布：山东。

习性：常栖息于湿润环境中。

十、实蝇科　Tephritidae

坎皮实蝇 *Campiglossa* sp.

特征：喙膝状，唇细长。间额鬃2对，额鬃2对；背中鬃较缝后翅上鬃更近中胸缝。翅斑网状，翅室Sc通常有1～2个透明斑，翅室CuP后叶短尖。胸部和腹部灰黑色，腹部背板具暗褐色斑，雌性具受精囊2个。

分布：山东。

习性：通常成虫产卵于果皮下，幼虫孵化后钻入果内取食。

十一、广口蝇科　Platystomatidae

广口蝇 *Platystoma* sp.

特征：体中小型。体棕大部分黑色，密布白色小斑。前翅灰黑色，密布透明斑。口孔很大，体背隆，无前胸侧片鬃和腹侧片鬃。雌性腹末端具延长的产卵器。

分布：山东。

习性：成虫食性多样，幼虫多腐食性。

十二、花蝇科 Anthomyiidae

横带花蝇 *Anthomyia illocata* Walker, 1856

特征：体长 4～6mm。雄性间额消失，黑色，雌性间额宽约等于一眼宽或稍狭，间额前半部黑色。头部密被灰白色粉，仅下侧颜具暗色斑。中胸盾片紧靠盾沟的沟后部分、小盾片基部各具1条暗色宽横带。腹密覆淡色粉被，第3～5背板具暗色倒"山"字形斑。

分布：中国广泛分布（除黑龙江、宁夏、青海、新疆、江西、西藏外）；朝鲜、日本、印度、尼泊尔、泰国、斯里兰卡、菲律宾、印度尼西亚、澳大利亚。

习性：幼虫常生长于腐败动物的毛、皮、骨、粪便中。

十三、蝇科 Muscidae

1. 家蝇 *Musca (Musca) domestica* Linnaeus, 1758

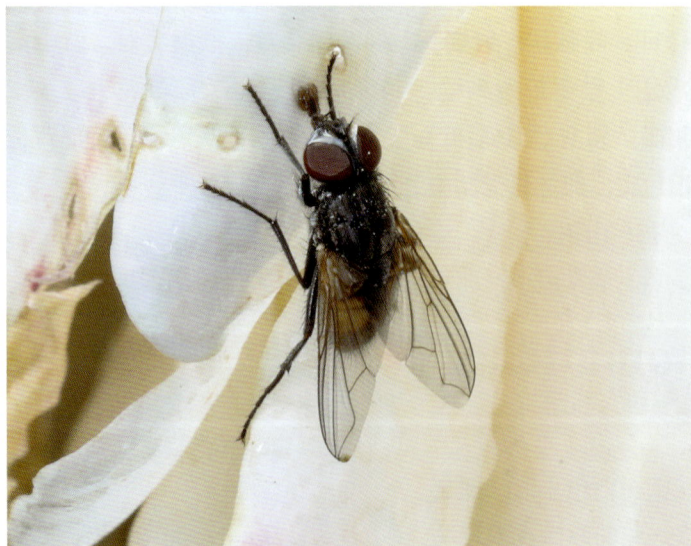

特征：体长 5～8mm。体灰黑色，密生短毛。头半球形，舐吸式口器，复眼大，单眼3个，眼裸，具纤毛或微毛，触角芒长羽状。胸背具淡色粉被夹着黑色纵条，胸背几乎全黑色。前胸基腹片有毛，腹部带黄色、橙色，于基部两侧具黑色或棕色的条或带和或深或淡的粉被斑被。

分布：世界广泛分布。

习性：喜食粪便、伤口、痰及潮湿腐化的有机物。

2. 厩腐蝇 *Muscina stabulans* (Fallén, 1817)

特征：体长 6.0～9.5mm。雄性眼裸，雌性眼离生。外顶鬃发达，间额黑，头底色黑，颊黑。盾片暗色，被淡灰色粉，具 2 条明显黑纵纹。足胫节、股节端部呈黄色，股节其余部分及跗节暗色，后胫具后背鬃。腹短卵形，底色黑，密被棋盘状带金色粉斑和不清晰的暗色条纹，第 5 背板中鬃、缘鬃明显。

分布：浙江、黑龙江、吉林、辽宁、内蒙古、北京、天津、河北、山西、山东、河南、陕西、宁夏、甘肃、青海、新疆、江苏、上海、湖北、福建、广东、重庆、四川、贵州、云南、西藏、台湾；俄罗斯、蒙古、朝鲜、韩国、日本、巴基斯坦、克什米尔、澳大利亚、印度及欧洲、北美洲、南美洲、亚洲（中部）。

习性：常生长于腐烂的干草、堆肥和废弃植物堆组成的潮湿基质中。

十四、丽蝇科 Calliphoridae

巨尾阿丽蝇 *Aldrichina grahami* (Aldrich, 1930)

特征：体长 8～11mm。雄性复眼裸，触角芒羽状，略稀，头除后头中下部被淡黄色毛外，其余所有鬃和毛均为黑色。胸底色黑，被粉，中胸盾片前中央具 3 条黑色纵条。腹板一般暗绿青色，被灰白色粉，雌性腹部的色泽有时较雄性的更青色，腹部的斑状分布较明显。足黑色或棕黑色。

分布：浙江、黑龙江、吉林、辽宁、内蒙古、北京、天津、河北、山西、山东、河南、陕西、宁夏、甘肃、青海、江苏、上海、安徽、湖北、江西、湖南、福建、广东、海南、广西、四川、贵州、云南、西藏、台湾；俄罗斯、朝鲜、韩国、日本、巴基斯坦、印度及北美洲。

习性：幼虫常生长于人类粪便。

十五、鼻蝇科　Rhiniidae

鼻蝇 *Rhinia* sp.

特征：体中小型。触角芒栉状，触角黄色，中侧片和翅侧片具黄色厚粉被，腹侧片亮黑色且无粉被。翅透明黄色。后足胫节有一行几乎等长的前背鬃。第5腹板侧叶端部具齿，两肛尾叶端部呈钳形远离，侧尾叶末端膨大且弯曲。

分布：山东。

习性：成虫常见于野花花丛。

十六、麻蝇科　Sarcophagidae

1. 折麻蝇 *Blaesoxipha* sp.

特征：复眼红色。额前缘明显角形，向前比口缘突出。后头下部有淡色毛。下颚须长或中等长，在雄性中末端常增粗。前胸侧板中央凹陷裸，有时有很少的短毛。小盾有强大的亚端鬃和基鬃，端鬃在雄性中很发达，相互交叉。翅透明。翅 R_1 脉裸，R_{4+5} 脉基部有小刚毛。雄性腹部呈锥形的长卵形，雌性呈卵形。

分布：山东。

习性：寄生性，常栖息于户外。

2. 侧突库麻蝇 *Kozlovea cetu* (Chao et Zhang, 1978)

特征：体中小型。额鬃粗壮8～11对，无外顶鬃，颊被黑毛，后头被白毛，后头上半部在眼后鬃后方具3～4行不规则的黑毛列，颜堤鬃9～15根。触角黑色，触角芒长羽状，下侧的毛较短而稀疏。翅前缘脉刺明显。中足胫节末端内侧的具12～13根短粗刺，各足股节腹面和后足胫节腹面具细长黑毛。

分布：山东、黑龙江、吉林、辽宁、内蒙古、北京、山西、河南、陕西、甘肃；古北界。

习性：寄生性，以卵胎生繁殖。

3. 舞毒蛾克麻蝇 *Sarcophaga (Kramerea) schuetzei* Kramer, 1909

特征： 体长 9 ～ 15mm。前额黑色，前额和前额下被金黄色粉。触角深褐色，颈黑色，中眼被大量黄白色毛。后胸板黑色。胸板上被银色至金色粉，具 3 个黑色纵条，翅透明。足黑色，前腿背侧基部具 2 根弱而短的刚毛，中足背侧有 2 根刚毛，后足背侧有 1 排刚毛。腹部具有黑色和银灰色方格纹。

分布： 山东、黑龙江、吉林、辽宁、内蒙古、北京、山西、河南、陕西、甘肃；古北界。

习性： 幼虫寄生于僧尼舞毒蛾、松毛虫、柞蚕幼虫体内。

十七、寄蝇科 **Tachinidae**

1. 蚕饰腹寄蝇 *Blepharipa zebina* (Walker, 1849)

特征： 体长 10 ～ 18mm。头被金黄色粉被，后头被黄色毛。单眼鬃细小，毛状。触角基节、梗节黄色，第 1 鞭节黑色。颊密被黑色短毛。胸部黑色，覆稀的灰白色粉被及浓密的细小黑毛。背面具 4 个黑色窄纵条。小盾片暗黑色，基部 1/3 黑褐色，下腋瓣杏黄色。足黑色，后足胫节的前背鬃排列整齐呈梳状。

分布： 浙江、黑龙江、吉林、辽宁、内蒙古、北京、天津、河北、山西、山东、河南、陕西、宁夏、甘肃、江苏、上海、安徽、湖北、江西、湖南、福建、广东、海南、广西、重庆、四川、贵州、云南、西藏、台湾；俄罗斯、印度、尼泊尔、缅甸、泰国、斯里兰卡。

习性： 寄生于西伯利亚松毛虫、赤松毛虫、马尾松毛虫、思茅松毛虫、家蚕、蝙蝠蛾、松茸毒蛾、板栗天蛾。

2. 善飞裸基寄蝇 *Senometopia kockiana* (Townsend, 1927)

特征： 体长约 9mm。复眼被毛，侧颜裸，单眼鬃发达。触角第 1 鞭节长于梗节，触角芒裸，梗节不延长，基部加粗。侧额被金黄色粉。腹部第 3 ～ 5 背板前方 2/3 被黄褐色粉，后方 1/3 为黑色横带，第 2 背板全部黑色，第 2、3 背板各具 1 对中缘鬃。中足胫节无腹鬃，具 1 根粗大的前背鬃和 2 根较小的后背鬃。后足基节后表面裸。

分布： 北京、山东、江苏、浙江、福建、广西、云南、广东、台湾；日本、印度、印度尼西亚及非洲。

习性： 寄生棉铃虫、玉米螟。

十八、沼大蚊科 Limoniidae

1. 沼大蚊 1 *Limonia* sp.

　　特征：体中型。触角 12 鞭节，复眼裸。喙短，长度小于头长。胫节距无。雄性内生殖刺突背侧无额外长突。翅透明，具黑褐色斑纹，Sc_2 超过 Rs 起点处，Rs 有 2 个分支，具 R_2，R_1 脉纵向，长度至少为 R_2 脉的 2 倍，A_1 室无加横脉。雄性内生殖刺突背侧无额外的长突。足细长。

　　分布：山东。

　　习性：幼虫多为腐食性。

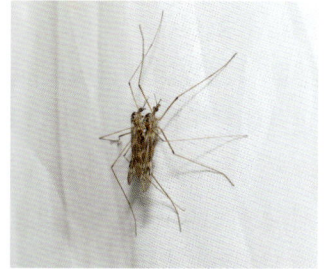

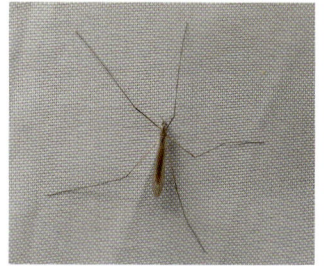

2. 沼大蚊 2 Limoniinae sp.

　　特征：体细长。体黄褐色，胸部具深色条纹。喙短，口器位于喙的末端。复眼明显分开，无单眼。中胸背板发达，中胸盾片有"V"形盾间缝，前翅狭长，翅脉 Rs 中 2 支到达翅缘，M 脉有 2 支达翅缘。腹部长，雄虫末端膨大，雌性末端较尖。

　　分布：山东。

　　习性：幼虫多为腐食性。

3. 北方栉形大蚊 *Rhipidia (Rhipidia) septentrionis* Alexander, 1913

　　特征：体大型，较纤细。翅浅灰色，所有翅室均布浅灰色斑点，Rs 起始处和分叉处、R_1 分叉处以及 A_2 亚端部的斑点颜色较深，前缘域无较大斑。翅脉浅黄色，斑点重叠处颜色更深。Sc_1 端部略超过 Rs 中间处，Sc_2 靠近 Sc_1 端部，CuA_1，基部未达 M 分叉处。

　　分布：山东、江西；俄罗斯、日本。

　　习性：常见于平地和低海拔山区。

4. 驼背合大蚊 *Symplecta (Symplecta) hybrida* (Meigen, 1804)

　　特征：体大型。体大部棕黑色，具灰白色粉被，触角 16 节，鞭节卵圆状。胸部前盾片具 3 条黑色纵带，盾片具 1 条黑色纵带，小盾片浅棕色，后背片棕黑色，具灰白色粉被。足基节和转节棕色，股节基部棕色，端部膨大，胫节深棕色，跗节基部棕黑色，端部黑色。翅灰白色，半透明状。

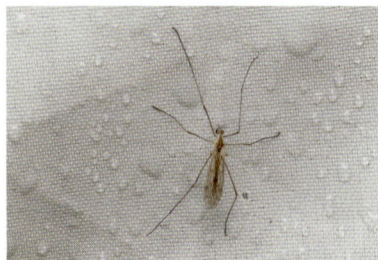

　　分布：西藏、山东；俄罗斯、蒙古、朝鲜、日本、哈萨克斯坦、吉尔吉斯斯坦、塔吉克斯坦、土库曼斯坦、乌兹别克斯坦、阿富汗、巴基斯坦、印度、尼泊尔、以色列、伊朗、阿拉伯联合酋长国、格鲁吉亚、亚美尼亚、阿塞拜疆、土耳其、黎巴嫩及欧洲、非洲、北美洲。

　　习性：成虫具趋光性。

十九、大蚊科 Tipulidae

1. 比栉大蚊 Psselliophora sp.

特征：体大型。体黄色。前翅中部及端部具大片黑斑。雄性触角双带状，首鞭节近端部腹面具1个突起，第2～10鞭节各具2对细长侧枝，各侧枝密被细长绒毛；雌性触角近念珠状。胸部具黑色纵斑，胸侧光裸无毛。腹部各节具黑色环纹。

分布：山东。

习性：成虫常于日间活动。

2. 短柄大蚊 Nephrotoma sp.

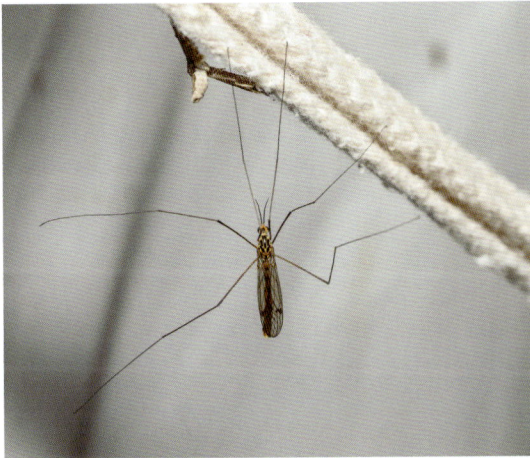

特征：体大型。体黄色。中胸前盾片具褐色纵斑，盾片两侧各1个褐斑。喙短，约为头长的1/2，额中等宽，有隆起的瘤突，复眼黑色，触角黑色，雄性触角长度可达头、胸长之和，而雌性触角长度为头长的2倍。翅透明，翅痣隐约黑色。腹部细长，暗黄色，背部颜色稍暗。足细长。雄性第9背板不与第9腹板完全愈合。雌性产卵器尾须长，产卵瓣短于尾须。

分布：山东。

习性：幼虫常以死亡植物为食。

3. 雅大蚊 Tipula (Yamatotipula) sp.

特征：体细而长。体灰褐色，被灰白色粉。中胸背板具深色条纹，腹部两侧各1列黑色短横斑。翅褐色，翅痣深褐色，前翅中央纵脉近端部呈"Y"形。平衡棒暗黄褐色。足细长，黄褐色，腿节和胫节末端渐成黑褐色，中足胫节具端距1个或2个，后足胫节具2个端距。

分布：山东。

习性：栖息于低海拔及中海拔地区。

二十、蚊科 Culicidae

1. 库蚊 *Culex* sp.

　　特征：体中小型。体棕黄色、暗棕色至黑色。喙末端不膨大，也不下折。雌性触须长度约为喙长的1/6，雄性触须通常长于喙。食窦弓内凹，一般具弱中突。前胸前背片无长鳞簇。背中侧鬃发达，小盾片后缘分三叶，各具1组缘毛，后背片裸露。爪下各具1褥垫。前足跗节1大于跗节2～5之和。

　　分布：山东。

　　习性：多为杂食性，吸食人血。

2. 白纹覆蚊 *Stegomyia albopictus* (Skuse, 1894)

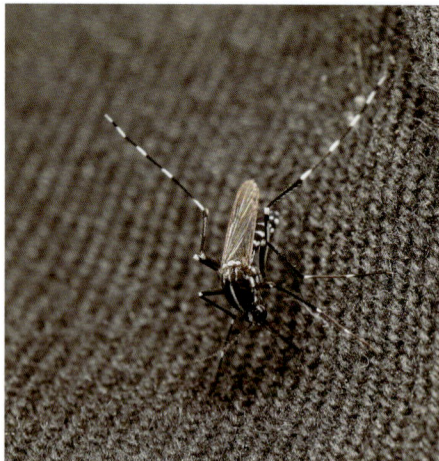

　　特征：体长约6mm。体黑色。雌性头顶平覆棕褐色宽鳞，中央具银白宽纵条，头侧有2条短的白鳞纵条，眼后缘有白鳞线。前足基节有2个白鳞簇，中后足各1个发达白鳞簇，各股节均具明显膝白斑。雄性第2、7腹节背板无基白带，仅侧白斑，第8节腹板基部白色。

　　分布：浙江、辽宁、河北、山西、山东、河南、陕西、江苏、安徽、湖北、江西、湖南、福建、广东、海南、广西、四川、贵州、西藏、台湾；东南亚。

　　习性：雌性吸食脊椎动物血液，雄性取食植物汁液、花蜜等。

二十一、瘿蚊科 Cecidomyiidae

瘿蚊 Cecidomyiidae sp.

　　特征：体形小而纤弱。复眼发达，无单眼，触角纤长，念珠状，脆弱易断。雄性环丝发达且复杂，雌性环丝简单。胸部长与宽长度相同，中胸背板凸起。翅灰褐色，膜质，被毛，翅脉退化且简单。足细长，脆弱易断，被刚毛及狭窄的鳞片，基节明显，无端距。

　　分布：山东。

　　习性：幼虫植食性、腐食性或捕食性。

二十二、摇蚊科 Chironomidae

多足摇蚊 *Polypedilum* sp.

特征：体小型。体大部黑，前胫节端部鳞片发达，中后足各具有 2 个分离的栉，其中 1 个栉具有长的距，爪垫二分叉。第 8 背板向基部逐渐缩小成三角形。

分布：山东。

习性：幼虫水生。

二十三、眼蕈蚊科 Sciaridae

眼蕈蚊 Sciaridae sp.

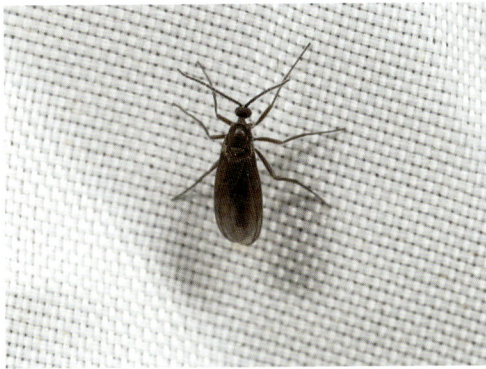

特征：体小型。体暗黑色。头部复眼背面尖突，左右两侧相连形成 2 ～ 3 排眼桥，仅极少数物种存在眼桥分离现象。触角 16 节。胸部粗壮，足细长，足基节和胫距发达，翅脉通常较为简单并且固定，胫分脉 Rs 不再分支。腹部筒形，雄性外生殖器通常粗壮，生殖刺突铗状；雌性腹部通常膨大，而尾部尖细。

分布：山东。

习性：喜产卵于腐殖质多的环境中。

二十四、毛蚊科 Bibionidae

1. 红腹毛蚊 *Bibio rufiventris* (Duda, 1930)

特征：体长 7 ～ 12mm。雌雄异型。雄性头部黑色，触角黑色，10 节；胸部背板和侧板黑色发亮，被长而密的黑色毛；足深红棕色有长毛，后足腿节和胫节膨大，跗节正常；翅烟棕色，前半部翅脉颜色深棕色，后半部翅脉色浅。雌性胸部背板除肩胛和小盾片黑色外均为红黄色；腹部红黄色；后足腿节不膨大。

分布：山东、黑龙江、辽宁、内蒙古、北京、河北、陕西、福建；日本、朝鲜。

习性：幼虫常聚集在植物地下根茎及幼苗上。

2. 吉林棘毛蚊 *Dilophus jilinensis* Yang et Luo, 1989

特征: 体长 3.3～3.9mm。雄性体黑色, 触角 11 节, 棕色; 复眼上部棕黄色, 下部棕色, 单眼棕色; 胸部背板两黑色, 肩胛棕色; 足基节、转节棕黄色, 前足胫节棕色; 平衡棒棕黑色; 腹部深棕色。雌性多数特征似雄性, 触角梗、柄节及鞭节第 1～2 节黄棕色; 足基节、腿节、转节棕黄色; 胫节及跗节棕色至黑棕色。

分布: 吉林、山东。

习性: 幼虫常聚集在植物地下根茎及幼苗上。

3. 北方襀毛蚊 *Plecia septentrionalis* Hardy, 1953

特征: 体长 5.0～8.3mm。体黑棕色, 小而纤细。雄性黑棕色有灰色粉被, 毛黑色复眼灰棕色, 单眼瘤突出黑色, 单眼黑色; 触角黑色, 10 节; 前足和中足细长, 后足腿节和胫节端部稍膨大, 跗节粗壮; 翅烟棕色, 半透明。雌性体色特征与雄性近似, 但触角 12 节, 后足胫节和跗节正常。

分布: 山东、黑龙江、内蒙古、吉林、湖北、云南。

习性: 幼虫常聚集在植物地下根茎及幼苗上。

第十一章

膜翅目
Hymenoptera

　　膜翅目（Hymenoptera）昆虫俗称蜂、蚁等。目前，全世界已描述的现生类群超过 15 万种，估计现生种类多达 100 万种，是昆虫纲中四大目之一。该目类群分布广、数量庞大，在生态系统中扮演着重要的角色，有取食植物叶片、为开花植物传粉、寄生其他植食性昆虫等种类。膜翅目属全变态类，幼虫蛆型，有的蠋型，裸蛹有茧。翅 2 对，膜质，后翅小于前翅，钩住前翅后缘；口器咀嚼式，有时舐食式、吸收式或嚼吸式；第 1 腹节与后胸愈合为并胸腹节；雌性一般具产卵管，形态多变，具锯、刺或螯针等形式。

一、茧蜂科 Braconidae

1. 茧蜂 1 *Bracon* sp.1

特征：体小型。体大部分橙黄色，具光泽。复眼、单眼及触角黑色。柄节没有特化，明显长于梗节，端部内缘简单，外缘平截：颜面和唇基界线分别，多少突出，不具网状刻纹或脊。中胸盾片通常部分光亮。翅透明。跗爪简单或具基叶。腹部第3腹背板缺前侧沟，产卵鞘端部背侧正常，腹侧具微齿。

分布：山东。

习性：寄生性。

2. 茧蜂 2 *Bracon* sp.2

特征：体小型。复眼、触角及单眼黑色。柄节没有特化，明显长于梗节，端部内缘简单，外缘平截，颜面和唇基界线分别，多少突出，不具网状刻纹或脊。跗爪简单或具基叶。第3腹背板缺前侧沟，产卵鞘端部背侧正常，腹侧具微齿。足大部分淡黄褐色。

分布：山东。

习性：寄生性。

3. 甲腹茧蜂 *Chelonus* sp.

特征：体小型。体大部分黑色。触角黑色，较长。复眼具刚毛。翅透明，翅痣黑褐色，前翅R脉通常从翅痣近中部伸出，第1盘室与第1亚缘室汇合成一大的室，腹部前3节背板愈呈背甲状，背甲上无横缝。

分布：山东。

习性：常寄生于螟蛾等。

4. 优茧蜂 *Euphorus* sp.

特征：体小型。体淡黄色至黄褐色。触角端节无刺。前翅缘室小，翅脉模糊，翅痣淡褐色，第1盘室和基室透明。第2、3背板无侧褶，几乎伸达腹末，其余各节隐藏。产卵器及产卵器鞘短，刚刚露出腹末。

分布：山东。

习性：寄生性。

5. 下曲蚜外茧蜂 *Monoctonus* sp.

　　特征：体小型。体大部黄色。背面观头横形，后头脊完整。翅透明，前翅径脉远离翅缘，缘室不完整。腹部正常，产卵管鞘犁铧状下弯，近端部渐窄。

　　分布：山东。

　　习性：寄生于蚜总科。

6. 怒茧蜂 *Orgilus* sp.

　　特征：体小型。头及胸部黑色。触角黑褐色。翅透明淡褐色，翅痣及翅脉暗褐色。足红褐色，前足基节、中足基节、后足基节基部和转节、后足腿节端部、后足胫节和跗节暗褐色至黑褐色。产卵管鞘黑褐色。

　　分布：山东。

　　习性：寄生性。

7. 潜蝇茧蜂 *Opius* sp.

　　特征：体小型。体黄褐色至淡黄色。翅痣淡褐色三角形。小盾前沟直，腹节背板不合并成盾。足黄色，后足基节无脊，胫节无纵脊。

　　分布：山东。

　　习性：寄生于潜蝇科、实蝇科昆虫。

8. 愈腹茧蜂 1 *Phanerotoma* sp.1

　　特征：体小型。体大部黄色，复眼及单眼黑色。触角黑色，雌雄均为23节，复眼无毛，唇基腹面有3个不明显的齿或腹缘直，第1亚盘室闭合，翅痣较大。足除后足跗节黄褐色外，其余部分黄色。产卵器鞘端部至1/3处有刚毛。

　　分布：山东。

　　习性：寄生性。

9. 愈腹茧蜂 2 *Phanerotoma* sp.2

特征： 体小型。体黄褐色，复眼及单眼黑色。触角黑色，雌雄均为 23 节，复眼无毛，唇基腹面有 3 个不明显的齿或腹缘直，第 1 亚盘室闭合，翅痣较大。足除后足跗节黄褐色外，其余部分黄色。产卵器鞘端部至 1/3 处有刚毛。

分布： 山东。

习性： 寄生性。

10. 光鞘反颚茧蜂 *Phaenocarpa* sp.

特征： 体小型。体大部分黄褐色。头光滑，脸、唇基、上颚及大部分头部倍稀疏毛，触角长于体长。胸光滑，具光泽，并胸腹节常被褶皱，盾纵沟多样，中胸背板中陷线状。翅脉完整，翅痣淡褐色三角形，第 1 亚盘室闭合。

分布： 山东。

习性： 寄生于粪便、棉花、菜根，以及树皮下面等的花蝇科、丽蝇科、腐木蝇科、果蝇科、尖尾蝇科、蝇科、麻蝇科、粪蝇科及沼蝇科等物种。

11. 下腔茧蜂 *Therophilus* sp.

特征： 体小型。正面观颊纵长是其横宽的 1.0 ～ 1.5 倍，颊在复眼下方强烈变窄，唇基通常至少部分平坦，上颊无侧瘤突。下颚的外颚叶长不长于宽，且短于下唇须。前胸背板侧背凹相对浅，前胸缘脊微弱至中等程度。后足腿节相对于后足基节长，后足基跗节腹面具短而硬的毛。

分布： 山东。

习性： 寄生性。

12. 双色刺足茧蜂 *Zombrus bicolor* (Enderlein, 1912)

特征： 体长 5.1 ～ 14.0mm。头、胸浅红棕色，触角、须、上颚端部黑色。翅深烟褐色，末端颜色稍浅，翅痣黑色。并胸腹节、后胸侧板深红棕色。足黑色。腹部黑色，第 3 背板基部和近中部光滑。

分布： 山东、陕西、辽宁、内蒙古、北京、山西、河南、新疆、江苏、安徽、浙江、湖北、湖南、福建、广东、广西、重庆、四川、贵州、云南、台湾；蒙古、俄罗斯、韩国、日本、吉尔吉斯斯坦。

习性： 寄生于家茸天牛、双条杉天牛。

二、姬蜂科 Ichneumonidae

1. 花胫蚜蝇姬蜂 *Diplazon laetatorius* (Fabricius, 1781)

　　特征： 体长 5～7mm。触角鞭节黄褐色，柄节和梗节黑褐色。头、胸黑色，唇基、上颚、复眼内缘纵条、前胸后角、中胸盾片两侧前方、小盾片及后小盾片均黄色。翅透明，翅脉及翅痣褐色。足大部分黄褐色，后足跗节及中后端跗节黑褐色。腹部第 1 节背板后方或全部、第 2～3 节背板赤黄色，其余黑褐色。

　　分布： 全国广泛分布；世界广泛分布。

　　习性： 寄生于黑带食蚜蝇、短刺刺腿食蚜蝇、大灰食蚜蝇、凹带食蚜蝇及狭带食蚜蝇等物种。

2. 黄足弓脊姬蜂 *Triclistus aitkini* (Cameron, 1897)

　　特征： 体长约 7mm。前足、中足腿节较粗。头、胸及腹部黑色，触角黑褐色，基部 1/3 腹面污黄色，翅基片黄色，翅透明。头部触角窝之间、中单眼下方具 1 个高的片状突起，突起背方具 1 条深纵沟。小盾片平坦，无镶边。并胸腹节有分脊，中区六角形。前翅具小翅室。足淡黄褐色，后足腿节端部和跗节淡色。

　　分布： 山东、贵州、云南、台湾；日本、印度。

　　习性： 寄生于稻纵卷叶螟。

3. 粗角姬蜂 *Phygadeuontini* sp.

　　特征： 体小型。体大部分黄色。腹板侧沟后端明显高于中胸侧板后下角。后胸背板后缘亚侧方通常有 1 个小角状突，并与并胸腹节亚侧脊前一端相对。

　　分布： 山东。

　　习性： 寄生性。

4．缝姬蜂 Porizontinae sp.

特征：体中等粗壮。上颚2齿。雄性触角无角下瘤。腹部第1节背板中等细，气门位于中央以后，无中纵脊。腹部多少侧扁，但有时不明显。下生殖板横形，不扩大。

分布：山东。

习性：寄生于鳞翅目幼虫、树生甲虫、象甲、叶甲及蛇蛉。

三、跳小蜂科 Encyrtidae

跳小蜂 Encyrtidae sp.

特征：体小型。头部的幕骨后臂达额头顶，位于触角窝和复眼眶内侧之间。前翅无毛斜带清晰。后胸侧板凸状且无斜行侧沟。中足基节侧面观位于中胸侧板中部或中部前的下方。尾须通常发达。

分布：山东。

习性：寄生性。

四、瘿蜂科 Cynipidae

瘿蜂 Cynipidae sp.

特征：体小型。头橙黄色，胸部及腹部黑色，足淡黄色。前胸背板延伸至翅基片。翅透明，翅脉简单，前翅无翅痣。腹部常侧扁。

分布：山东。

习性：多取食栎树、蔷薇类植物。

五、蚁科 Formicidae

1. 举腹蚁 *Crematogaster* sp.

特征：工蚁单型，体形差异大，而特征完全相同。头长宽几乎相等，后头角钝圆。复眼中等大小。并胸腹较窄，并胸腹节具双刺。足细长。结节2节，第2结节圆凸，活体行动时后腹部常上举，螫针发达。雌性形态近似与工蚁，但体更粗大，复眼发达，具单眼，后腹部硕大。雄性头小，复眼大而突出，单眼发达，触角12节，柄节短，具翅。

分布：山东。

习性：筑巢形式为土中营巢或树栖。

2. 蚁 *Formica* sp.

特征：体小型。额区近三角形。具单眼。上颚呈三角形，端部第 4 齿大于第 3 齿，唇基宽而高，下唇须 4 节。触角 12 节，位于唇基后缘。并腹胸背板缝清晰。后腹部较短，近球形。

分布：山东。

习性：社会性。

六、方头泥蜂科 Crabronidae

方头泥蜂 Crabronidae sp.

特征：体中小型。头部宽大略方，复眼纵向椭圆，唇基淡蓝色。前胸背板窄，黄绿色；中胸背板宽，黑色，下缘端左右各有 1 个黄斑；小盾板黄绿色。腹部具黄绿色环。翅透明黑色，具蓝色光泽。各足淡绿色，后脚腿节上缘及胫节以下为黑色。

分布：山东。

习性：具捕食性，以捕食双翅目为主。

七、胡蜂科 Vespidae

1. 椭圆啄蜾蠃 *Antepipona biguttata* (Fabricius, 1787)

特征：体长 6 ~ 8mm，雄性体小于雌性。体黑色，具黄斑和锈色斑。头部宽略大于长，额、头顶、后颊刻点成网状。唇基宽大于长。前胸背板前背隆线在背部弱，前胸背板、小盾片、后小盾片具网状刻点。后小盾片背面有 1 对尖的凸起。并胸腹节背面布网状刻点。腹部背板密布小刻点。

分布：山东、山西、河南、浙江、福建、广东、江西、海南、云南、台湾；泰国、老挝、越南、缅甸、马来西亚、印度。

习性：成虫平时无巢，仅雌性产卵时衔泥建巢。

2. 孔蜾蠃 *Eumenes punctatus* de Saussure, 1852

特征： 体长 12.0～16.5mm。体大部分黑色，具黄斑。头宽略大于高，窄于胸部。胸部具刻点具黄斑，后小盾片上有 1 个黄色横带状斑覆盖，中胸侧板黑色，上侧片有时具 1 个黄斑。翅基片基部黑色，剩余黄色，中央有 1 个较大棕色斑，翅浅褐色。腹部具黑点和褐色毛，第 2 节基角钝角，端部有 1 个黄色窄条状斑，中央两侧有 1 个点状黄斑，第 3～6 节背板端缘近棕色。

分布： 河北、江苏、四川、上海、云南、内蒙古及东北地区；俄罗斯、韩国、日本、印度。

习性： 成虫平时无巢，仅雌性产卵时衔泥建巢。

3. 麦马蜂 *Polistes megei* Pérez, 1905

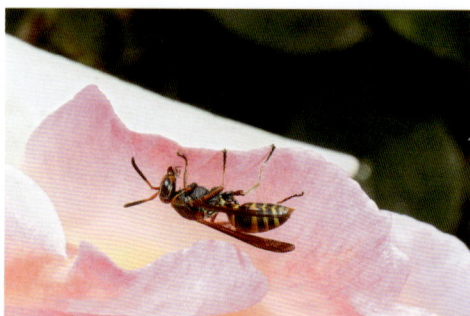

特征： 雌性体长约 32mm。头宽于前胸，窄于中胸。胸部密布粗糙刻点。后小盾片近似五边形，并胸腹节向后下方倾斜，端部平截状。翅棕色。腹部大部黑色，第 1～5 节背板端部锈色，第 1 节腹板近三角形，密布横皱褶，第 6 节背板锈色，第 2～3 节腹板黑色，第 4～6 节腹板端部锈色，其余黑色，其中第 6 节腹板为三角形，雄性腹部 7 节。

分布： 山东、湖南、陕西、江西、云南；俄罗斯、韩国、日本。

习性： 具简单的社会性。

4. 黄边胡蜂 *Vespa crabro* Linnaeus, 1758

特征： 雌虫体长 20～30mm。头宽于前胸、窄于中胸，颊棕黄色，密布刻点覆长毛。中胸侧板黑色，具棕色斑，后胸侧板黑色，中部具 1 个黄斑。翅棕色。腹部密布刻点覆长毛，第 1 节背板黑色，基部棕黄色，端部黄色，第 2 节背板黄色，基部黑色，第 3 节背板黄色，中部有 1 个黑色斑点，第 4～6 节背板黄色，基部黑色。

分布： 黑龙江、辽宁、河北、陕西、山东、浙江、江西、四川、甘肃、河南、江苏、山西、福建、云南、广西、海南；日本、美国。

习性： 除保护蜂巢和自卫外，通常不主动攻击。

5. 金环胡蜂 *Vespa mandarinia* Smith, 1852

特征：雌性体长 30 ～ 40mm。头宽于前胸，窄于中胸，颊黄色，密布刻点覆长毛。胸部密布刻点覆长毛，小盾片棕黄色，后小盾片五边形且棕黄色，并胸腹节黑色，具 2 个对称的棕黄色斑。翅棕色。腹部密布刻点覆长毛，第 1 ～ 2 节背板基部棕黄色，中部棕色，端部黄色，第 3 节背板基部黑色，端部黄色，第 4 ～ 5 节背板黑色，第 6 节背板黄色。

分布：山东、辽宁、江苏、浙江、湖北、湖南、四川、陕西、江西、福建、云南、广东、广西、海南；日本、法国。

习性：取食成熟的果实中的糖分。

八、隧蜂科 Halictidae

1. 铜色隧蜂 *Halictus aerarius* (Smith, 1873)

特征：体长 6 ～ 9mm。体色亮，大部金黄绿色，具金属光泽。头稍宽于中胸。体密布大小不均的刻点，刻点间光滑、闪光。颜面、颊、中胸侧板、并胸腹节侧面和后截面被淡黄白色毛，颅顶、中胸盾片被稀的灰黄褐色毛。后足转节、腿节被长且稀的淡黄色毛，胫节、基跗节毛浅棕色。

分布：北京、天津、河北、山西、山东、辽宁、吉林、黑龙江、江苏、福建、甘肃、陕西、湖北、云南、四川、台湾；日本、俄罗斯及朝鲜半岛。

习性：成虫访花，主要访荆条、月季、三叶草、蜀葵、山兰、菊花等。

2. 青岛隧蜂 *Halictus tsingtouensis* Strand, 1910

特征：体长 9 ～ 12mm。体大部分黑色，无金属光泽。头稍窄于中胸。体被大、圆且深的刻点，刻点间光滑、闪光。翅基片暗黄褐色、半透明，翅浅黄褐色、透明，前翅径脉深褐色，其余翅脉浅黄褐色。足黑色，各足转节及腿节被稀且长的黄色毛，各胫节及跗节被金黄色毛。

分布：北京、天津、河北、内蒙古、辽宁、吉林、黑龙江、山东、江苏、浙江、陕西、新疆；俄罗斯、日本。

习性：成虫访花。

3. 淡脉隧蜂 *Lasioglossum* sp.

特征：体长 3.5～13.0mm。体黑色，或具浅蓝绿色金属光泽。雄性唇基隆起常强于雌性，刻点间常光滑，具光泽。雌性触角柄节常伸达或超过后单眼，雄性触角长，至少伸达中胸盾片末端。后足胫节具 2 个胫节距，内侧胫节距具齿。雌性腹部腹板具羽状毛。

分布：山东。

习性：成虫访花。

4. 蓝彩带蜂 *Nomia chalybeate* Smith, 1875

特征：体长 11～15mm。体黑色具绿条纹。头宽于长，窄于中胸，颊显著窄于复眼宽，颅顶后缘平直。翅基片外缘褐色，翅基片大，外缘弯曲，内缘末端稍凹陷，端部尖。翅脉褐色，翅痣黑褐色。雌性腹部第 2～4 节背板后缘为黄绿色或蓝绿色条纹，雄性 2～5 节背板后缘为蓝绿色至黄绿色条纹。雄性后足股节膨大。

分布：河北、山东、安徽、江苏、浙江、四川、福建、广西、台湾；缅甸、印度、朝鲜。

习性：成虫访花，主要访苜蓿、三叶草、益母草、蜀葵等植物。

5. 黄胸彩带蜂 *Nomia thoracica* Smith, 1875

特征：体长 10～13mm。体黑色，胸部、中胸背板被黄褐色毛，其他部分被稀疏的灰黄色毛。头长宽几乎相等，复眼内缘弯曲，上颚光滑、闪光，具 2 齿，小盾片不具针状突起。翅基片膨大，褐色，带闪光，外缘拱起呈半圆形，内缘直。腹部第 1～4 节背板端缘具黄条纹彩带。前足胫节、中足、后足腿节、胫节和基跗节内侧均被褐色毛。

分布：安徽、北京、福建、广西、海南、河北、湖北、湖南、江苏、江西、内蒙古、青海、山东、上海、四川、云南、浙江、台湾；缅甸、印度、菲律宾、老挝。

习性：成虫访花。

九、切叶蜂科 Megachilidae

1. 双斑切叶蜂 *Megachile leachella* Curtis, 1828

特征：体长 8 ～ 10mm。体黑色，被黄褐色鳞毛。上颚扁，具 4 齿，唇基两侧及颜面密被白毛。胸两侧及并胸腹节密被白色长毛。腹部第 1 节背板密被白色长毛，第 1 ～ 5 节背板端缘具白毛带，第 6 节背板具 2 个白毛圆斑，雄性第 3 ～ 4 腹板密被红黄色绒毛，第 6 节背板被白绒毛，端缘扁平，两侧缘具不规则的小齿。足被白色短毛，距浅黄色。

分布：内蒙古、甘肃、新疆、山东；欧洲、非洲北部、北美洲。

习性：成虫常切割叶片筑巢。

2. 锥切叶蜂 *Megachile subusta* Cockerell, 1911

特征：体长 9 ～ 12mm。体黑色，被黄褐色毛。颅顶及中胸盾片均匀分布大刻点，刻点间具闪光，前胸侧叶、中胸侧片被白毛。腹部第 1 ～ 5 节背板端缘具浅黄色毛带，第 1 背板被黄毛，第 2 ～ 6 节背板被黑色短毛；雄性第 1 ～ 4 节背板端缘具黄毛带，第 5 节背板基部被浅黄色毛；雌性腹部第 2 ～ 4 节背板具深的横沟，第 5 背板刻点大。足黑褐色。

分布：北京、河北、山东、内蒙古、辽宁、浙江、福建、四川、贵州、台湾。

习性：成虫常切割叶片筑巢。

十、蜜蜂科 Apidae

1. 东亚无垫蜂 *Amegilla parhypate* Lieftinck, 1975

特征：体长 11～13mm。体大部黑色，头部具奶白色斑，具浅黄色毛杂黑毛，胸部被浅黄杂有黑色的毛。翅基片褐色，翅透明。腹部第 1～5 节背板端缘具金属绿毛带，第 5 腹板中央半圆形凹陷，两侧具梳状毛，第 6～7 节背板具黑毛，第 7 背板端缘两侧具齿突。足黑褐色，距及爪深黑色。

分布：辽宁、甘肃、山东、江苏、浙江、江西、湖南、福建、四川；朝鲜。

习性：成虫访花，主要访水柳、荆条、益母草、野麻、蜀葵、木槿、薄荷等。

2. 西方蜜蜂 *Apis mellifera* Linnaeus, 1758

特征：工蜂、雌性蜂王与雄蜂分化明显。工蜂体长 12～14mm；体色变化大，深灰褐色至黄色或黄褐色；唇基黑色，不具黄色或黄褐色斑；体被浅黄色毛，第 6 腹节背板上无绒毛带；后翅中脉不分叉；后足胫节呈三角形，扁平；后足跗节宽且扁平。

分布：世界广泛分布。

习性：真社会性，喜访开放型花。

3. 黄芦蜂 *Ceratina (Ceratinidia) flavipes* Smith, 1879

特征：体长 5～9mm。体黑色，具黄色斑纹，雄性黄斑多于雌性。头稍宽于长，颜光滑。中胸背板周缘及小盾片后缘密布细的刻点。腹部第 1 节背板光滑，具 3 个斑，第 2～6 节背板刻点密而浅，第 2～3 节背板中断的斑纹、第 4～5 节背板后缘纹黄色，雄性腹部第 7 节背板后缘中央尖，两侧稍凹入。

分布：吉林、河北、山东、江苏、浙江、湖北、江西、福建；日本。

习性：成虫访花。

中文名索引

学名索引